簡單純粹

就是家常香甜好滋味！

簡單純粹
就是家常香甜好滋味！

琺瑯烤盤の
居家質感烘焙

7位人氣料理專家，共同獻上48道暖心懷舊甜點！

只要有琺瑯調理盤～

別具復古風味的琺瑯調理盤，
應該有不少人家的廚房裡就有好幾個吧？

耐高溫、可放入烤箱或冷凍庫的琺瑯調理盤，
其實是做點心的好幫手。

薄薄的，放入烤箱導熱迅速，冷卻的時間也很短。
想想，一走進廚房，馬上就能完成，
讓家人們聚在一起時，可以大口享用剛出爐的點心。

在外面店家吃到的風味濃厚的甜點固然不錯，
不過在家製作的日常點心，
不妨賦予它更輕盈柔和的味道。
本書介紹的都是不使用奶油就能做出來的美味甜點。

目次

1 渡邊真紀的 起司甜點

2 吉川文子的 雞蛋甜點

4 小堀紀代美的 紅茶&巧克力甜點

5 ムラヨシマサユキ的 大理石花紋甜點

3

若山曜子的
水果甜點

6

中川玉的
紅豆餡＆黃豆粉甜點

7

夏井景子的
罐頭水果甜點

【小專欄】

◎本書使用注意事項

- 1大匙為15㎖、1小匙為5㎖。
- 雞蛋使用M尺寸。
- 「一小撮」為用大拇指、食指及中指，三隻指頭輕輕捏起來的量。
- 若使用瓦斯烤箱，請將食譜的溫度降低10℃左右。
- 烤箱需先設定溫度進行預熱。烘烤時間依據熱源或機種會有些許差異，請以食譜的烘烤時間為基準，並依照實際的烘烤狀況進行調整。

【用油】

「植物油」指的是米油、太白芝麻油（未經烘焙、直接榨取的無色無味油）、菜籽油、芥花油等。只要是無明顯油味的植物油都可以使用。但請避免使用芝麻油或橄欖油。

1

渡邊真紀的起司甜點

在所有蛋糕種類之中，起司蛋糕是渡邊小姐的最愛。
因為家人也喜歡，所以常在家裡烤起司蛋糕。
它最大的魅力，就是只要在一個調理碗裡攪拌攪拌就OK了。
不容易失敗、誰來做都會很美味。
此外，還有磅蛋糕或酥餅、提拉米蘇上的冰淇淋……
本篇集合了渡邊小姐拿手的「自家製甜點」。

◉簡易起司蛋糕 ——作法參照第10頁。

位於神奈川高台且視野良好的大樓裡，與設計師丈夫及小學六年級的兒子，三個人一起生活。陽台上有兒子寶貝的鰯魚水槽，並排放著滿滿的香草盆栽。進行本書的攝影時，也隨手拔下一些迷迭香，當作起司蛋糕的裝飾。2017年開始在東京・世田谷地區，與料理家今井洋子、造型師佐佐木香奈子共同經營不定期營業販售保存食品、甜點、雜貨的店『STOCK THE PANTRY』。

「除了烤起司蛋糕以外，媽媽還會做上面淋著藍莓果醬的生起司蛋糕給我吃。在底部鋪上碾碎的麗滋餅乾，那個略帶鹹味，也是非常美味。」

從小學時代開始，渡邊小姐的母親就常做起司蛋糕給她吃。只是用一個調理盆就能簡單做好，卻有著香醇濃厚的美味。先生與兒子也都很喜歡起司蛋糕，因此在渡邊小姐家，起司蛋糕常以日常點心之姿登場。

「雖然我也很喜歡用水浴法做出濕潤口感的紐約起司蛋糕，但基本上我做的是充分烤熟的原味烤起司蛋糕。起司的份量會影響蛋糕成品的口感，不使用麵粉讓蛋糕更濕潤，或加入香草豆莢的奢華風味，或加上一點酒類的成熟風味等等，可以享受到各種風味正是起司蛋糕最令人開心的地方。我也喜歡市售的起司蛋糕，滿常買回家吃呢！『JOHANN』的蛋糕質地是微微帶著優格的感覺，『Kaorinne』的濃厚焦香烤起司蛋糕我也好喜歡。但如果提到生起司蛋糕，那當然還是『SIROTAE』最棒了。」

好像很少人會直接食用奶油起司，但我本來就很喜歡各種類型的起司。除此之外，我常做的起司甜點，就是將材料放入調理盆中咕嚕咕嚕攪拌即可完成的簡單甜點。

「我也常做磅蛋糕呢。將帕馬森起司磨碎後加入，有時也會放入起司片或蔬菜做成鹹蛋糕。有點鹹味的蛋糕也超美味的～！我也喜歡

廚房壁面置物架的上層，放的是德克薩斯古老製陶所製造的壺，是在夏威夷買到的。右上附有棒子的罐子，是用來倒入牛奶製作奶油的容器。還有伊藤環出品的瓶子，中間則是在台灣舊貨店找到的月餅模。

客廳的牆面上掛著用槲寄生及繡球花製成的乾燥花及花圈。特製的餐具收納櫃上放著蠣崎MAKOTO的玻璃器皿，以及法國骨董白色餐碗。

客廳餐具櫃裡收集的都是玻璃器皿。因為喜歡骨董，只要看到喜歡的就會馬上買下。常用來飲用紅酒，「我喜歡較薄的玻璃器皿，這樣入口時較滑順。」渡邊小姐如此表示。

綿密又充滿奶香的馬斯卡彭乳酪，提拉米蘇也是我家常吃的甜點。」

起司蛋糕分為有餅乾底及無餅乾底兩種，「我絕對是喜歡有餅乾底的！」渡邊小姐這麼說。這次介紹的食譜中，也包含了回憶中的媽媽滋味，是加了少許鹽，用蜂蜜及植物油加以定形的餅乾底。

「製作起司蛋糕不需要瑣碎的工序，只要將麵糊充分攪拌均勻就可以了。也可以用手持攪拌器來製作喔！」

餅乾底所用的餅乾，用手壓得不夠緊也沒關係，鋪得不夠滿也無所謂。鮮奶油及雞蛋也是一口氣倒入奶油起司後，攪拌均勻即可。渡邊小姐這樣隨性做出來的甜點，可說是家庭手作甜點的最理想型態。希望大家也能在自己家裡作出屬於「自家甜點」的風味。

餐廚區冰箱旁的這個架子，是梅子專區。上層放的是今年的梅干及梅酒，下層則是從15～16年前開始放置的歷代梅干及梅酒。「最上層的壺目前還是空的，想說可以用來放梅干而買的。」

在原味的烤起司蛋糕
淋上少許的蘭姆酒。
加在餅乾底裡的少許鹽，能襯托出甜味。
只要將蛋糕麵糊充分攪拌均勻，
就一定能作出美味的蛋糕。

簡易起司蛋糕

材料（20.5×16×深3㎝的琺瑯盤1個份）

奶油起司…200g
鮮奶油…200㎖
蔗糖…50g
雞蛋…2顆
低筋麵粉…2大匙
檸檬汁…1大匙
蘭姆酒…1大匙

【餅乾底】

消化餅乾…9片（80g）

A ┌ 植物油…2大匙
  │ 蜂蜜…1大匙
  └ 鹽…⅓小匙

事前準備

・奶油起司與雞蛋回復至室溫。
・在琺瑯盤裡鋪上烘焙紙。

作法

1 製作餅乾底：將餅乾裝入夾鏈袋，用擀麵棍敲成細碎狀。倒入材料A，隔著袋子揉捏均勻後倒入琺瑯盤，用手壓緊並鋪滿琺瑯盤（**a**）後，放入冰箱冷卻20分鐘左右。將烤箱預熱至200℃。

2 在調理盆裡放入已軟化的奶油起司、蔗糖，用打蛋器稍微攪拌（**b**）。倒入鮮奶油及雞蛋攪拌均勻後，加入低筋麵粉（過篩）、檸檬汁、蘭姆酒，繞圓攪拌至看不見粉狀物為止（**c**）。

3 將麵糊倒入放有**1**的琺瑯盤內，用橡膠刮刀縱橫向切開麵糊般移動，消除氣泡（**d**），放入預熱至200℃烤箱中烘烤25～30分鐘。用竹籤戳刺蛋糕中央，確認沒有沾上黏稠的麵糊，即烘烤完成。稍微放涼後，連同琺瑯盤一同放入冰箱冷藏3小時以上。

a

b

c

d

豆腐起司蛋糕

加了許多豆腐，讓蛋糕擁有輕盈的滋味。
先用微波爐加熱豆腐後稍微放涼，
再充分瀝乾水分，就能烤出滑順的口感。

材料（20.5×16×深3cm的琺瑯盤1個份）

板豆腐…1塊（300g）
奶油起司…200g
鮮奶油…100mℓ
蔗糖…50g
雞蛋…2顆
低筋麵粉…2大匙

【餅乾底】

消化餅乾…9片（80g）

A
- 植物油…2大匙
- 蜂蜜…1大匙
- 鹽…⅓小匙

事前準備

・用兩張廚房紙巾包住豆腐，放入耐熱容器，不包覆保鮮膜，放入微波爐（600W）加熱2分30秒，稍微放涼後取150g備用。
・奶油起司與雞蛋回復至室溫。
・在琺瑯盤裡鋪上烘焙紙。

作法

1 製作餅乾底：將餅乾裝入夾鏈袋，用擀麵棍敲成細碎狀。倒入材料A，隔著袋子揉捏均勻後倒入琺瑯盤，用手壓緊並鋪滿琺瑯盤，放入冰箱冷卻20分鐘左右。將烤箱預熱至200℃。

2 在調理盆裡放入豆腐、已軟化的奶油起司、蔗糖，用打蛋器稍微攪拌。加入鮮奶油及雞蛋後攪拌均勻，篩入低筋麵粉，繞圓攪拌至看不見粉狀物為止。

3 將麵糊倒入放有**1**的琺瑯盤，用橡膠刮刀縱橫切開麵糊般移動，消除氣泡，放入200℃烤箱中烘烤25～30分鐘。稍微放涼後，連同琺瑯盤一同放入冰箱冷藏3小時以上。

葡萄柚生起司蛋糕

能夠充分品嘗葡萄柚的酸甜風味，
口感濕潤的生起司蛋糕。
上面放了滿滿的果肉，
可以享受果凍般的清爽感。

材料（20.5×16×深3㎝的琺瑯盤1個份）

奶油起司…200g
鮮奶油…200㎖
蔗糖…60g
［吉利丁粉…5g
［水…2大匙
葡萄柚…1顆
裝飾用的迷迭香（盡可能用新鮮的）…適量

事前準備

・奶油起司回復至室溫。
・將葡萄柚的薄皮剝除，留下2大匙剝皮時滴落的果汁備用。
・先將吉利丁泡水使其膨脹。

作法

1 在調理盆裡放入已軟化的奶油起司、蔗糖，用打蛋器稍微攪拌（**a**）。再依序加入鮮奶油及葡萄柚果汁後仔細攪拌均勻。

2 加入以微波爐（600W）加熱約20秒（小心不要煮沸）的吉利丁（**b**），再用打蛋器攪拌均勻。

3 將麵糊倒入稍微用水沾濕的琺瑯盤裡（**c**），用橡膠刮刀以縱橫向切開麵糊般消除氣泡，將葡萄柚果肉剝成半瓣後放上（**d**），即可放入冰箱冷藏2小時以上使其凝固。可依喜好撒上切碎的迷迭香。

a

b

c

d

材料（20.5×16×深3㎝的琺瑯盤1個份）

奶油起司…200g

烘焙用巧克力（黑巧克力）…150g

鮮奶油…100㎖

蔗糖…50g

吉利丁粉…5g
水…2大匙

【餅乾底】

巧克力碎片餅乾…9片（80g）

A
植物油…2大匙
蜂蜜…1大匙
鹽…⅓小匙

事前準備

・奶油起司回復至室溫。

・先將吉利丁泡水使其膨脹。

作法

1 餅乾底的製作方法請參照第10頁。

2 在調理盆裡放入切塊的巧克力，隔水加熱（在調理盆底部墊盆熱水）使其融化。

3 在另一個調理盆裡放入已軟化的奶油起司、蔗糖，用打蛋器稍微攪拌。加入鮮奶油後繼續攪拌，再將**2**倒入並盡速攪拌。接著倒入以微波爐（600W）加熱約20秒的吉利丁（小心不要煮沸）後，仔細攪拌均勻。

4 倒入放有**1**的琺瑯盤，用橡膠刮刀消泡後，放入冰箱冷藏2小時以上。

巧克力生起司蛋糕

濕潤濃厚，吃起來有如生巧克力般。

可以稍微留下一點奶油起司的顆粒，這樣外觀看起來很可愛，

若不喜歡，只要在加入巧克力後充分攪拌，就能去除顆粒。

豆腐提拉米蘇

用大量嫩豆腐做出來的提拉米蘇，
既柔滑又輕盈，吃再多都不覺得膩，
多淋一些咖啡液會更加好吃！

材料（20.5×16×深3cm的琺瑯盤1個份）

A
- 嫩豆腐…1塊（300g）
- 馬斯卡彭起司…200g
- 蔗糖…50g

泡得較濃的咖啡液…100mℓ＊
消化餅乾…12片（110g）
裝飾用可可粉…1大匙
＊即溶咖啡1大匙以100mℓ熱水溶開

事前準備

・用兩張廚房紙巾包住豆腐，放入耐熱容器，不包覆保鮮膜，放入微波爐（600W）加熱2分30秒，稍微放涼後取150g備用。

作法

1 在盤底鋪上餅乾（空隙處以剁碎的餅乾填滿），整體淋上咖啡液讓餅乾濕潤。

2 將材料A放入調理盆，用打蛋器攪拌至柔滑狀，再倒於**1**的材料上抹平。放入冰箱冷藏2小時左右，食用前再用篩子灑上可可粉即可。

起司杏仁磅蛋糕

戈貢佐拉起司的鹹味與濃醇味令人上癮，
給人全新感受的甜鹹味磅蛋糕。
用等量的奶油起司製作也一樣很美味。

材料（20.5×16×深3㎝的琺瑯盤1個份）

A
- 低筋麵粉…100g
- 泡打粉…2小匙

杏仁粉…100g
蔗糖…50g
雞蛋…2顆
植物油…70㎖
豆漿（成分無調整）…2大匙
戈貢佐拉起司…120g
杏仁片（盡可能選用帶皮的）…30g

事前準備
- ‧雞蛋回復至室溫。
- ‧在琺瑯盤裡鋪上烘焙紙。
- ‧烤箱預熱至180℃。

作法

1 在調理盆裡放入雞蛋及蔗糖，輕輕打發至變白變膨鬆。接著加入植物油與豆漿，繼續攪拌。

2 篩入材料A、杏仁粉，用橡膠刮刀以切的方式攪拌至粉狀物消失後，將戈貢佐拉起司剁碎加入，並迅速攪拌。

3 倒入琺瑯盤整平，灑上杏仁片，放入180℃烤箱烘烤35分鐘左右。以竹籤戳刺蛋糕中央，確認沒有沾上黏稠的麵糊，即烘烤完成。

*放置一天，口感會更紮實美味。

材料（20.5×16×深3㎝的琺瑯盤1個份）

A
- 低筋麵粉…150g
- 蔗糖…50g
- 肉桂粉…1小匙

帕馬森起司…40g
植物油…70㎖

事前準備

・將帕馬森起司磨成粉。
・在琺瑯盤裡鋪上烘焙紙。
・烤箱預熱至200℃。

作法

1 在調理盆裡放入材料A後，用手迅速攪拌，再加入帕馬森起司、油（少量慢慢加入），繞圓攪拌後捏成團。

2 放入琺瑯盤，覆上保鮮膜用手壓平，用叉子在麵糰上戳出許多小洞，用刀切出2×8列的切痕。放入200℃的烤箱中烘烤約25分鐘後取出，趁熱沿著切痕切開後冷卻。要吃的時後灑上少量肉桂粉（份量外）。

*冷卻後會變得酥脆，更加美味。

起司肉桂酥餅

帕馬森起司與肉桂的輕柔香氣，
交織成帶著點成熟風味的酥餅。
不用揉捏麵糰，就能創造出酥脆口感。

起司檸檬義式冰淇淋蛋糕

將優格的水分稍微瀝乾後再使用。
加入葡萄乾、無花果乾或棗乾，
材料中的堅果類也可替換成杏仁。

材料（20.5×16×深3㎝的琺瑯盤1個份）
奶油起司…200g
原味優格…150g
細砂糖…50g
A
核桃…50g
開心果…50g
檸檬汁…2大匙
磨碎的檸檬皮…½個分

事前準備
・奶油起司回復至室溫。
・將優格放入鋪有廚房紙巾的竹簍內，架在調理盆上方10分鐘左右，稍微將水瀝乾。
・將核桃及開心果用平底鍋炒過，再將核桃切塊。

作法
1 在調理盆裡放入軟化的奶油起司、優格、砂糖後，用打蛋器攪拌至柔滑狀，再加入材料A，繞圓攪拌整盆麵糊。
2 倒入琺瑯盤整平，放入冷凍庫2小時左右冷卻凝固。從琺瑯盤的角落入刀後取出，切成喜歡的大小食用。

＊切片食用也很美味。

渡邊真紀

1976年出生於神奈川縣。曾是從事圖像設計的設計師，2005年起創立「サルビア餐廳」，成為料理家。為雜誌及書籍撰寫食譜、企劃主題活動等。因其簡單又自然的生活模式，與充滿品味的風格而廣受歡迎。著有《我的廚房道具》、《輕鬆小點100道》、《沙拉小點100道》、《輕鬆出餐》、《亞洲麵食》（主婦與生活出版社）等書籍。

2

吉川文子的雞蛋甜點

光看就非常美味的雞蛋色澤，
擁有溫和的甜味，蓬鬆柔軟的口感。
用雞蛋製作的甜點，總是帶給家人歡笑。
濃郁的布丁、蓬鬆的長崎蛋糕、蛋糕捲，
經過擅長植物油甜點的吉川小姐之手，
常見的單盤甜點也能如此令人回味無窮。

◉卡士達布丁——作法參照第24頁。

吉川小姐之所以擅於製作無奶油甜點，其契機是在25年前。於26歲的年紀結婚，成為專業主婦，27歲時生下女兒，這段時期幾乎沒有時間外出，因此附近的鄰居們常到吉川小姐家中聚會，那時吉川小姐只要端出親手做的點心，大家都會非常開心。

「當時偶然看了NHK電視台的『今日料理』節目，照著做了草莓塔，結果大家都誇讚好吃，請我一定要教他們。」

結婚前在銀行上班的吉川小姐，雖然常常四處品嘗蛋糕，但對於製作甜點完全是生手。當時她心想「如果要教別人，自己得先從基礎開始學好」，因此找到了藤野真紀子老師及近藤冬子老師的甜點教室，分別在兩位老師門下學習了5年。

「在上課學習的同時，我也在自己家開設了甜點教室，有些媽媽帶著年幼的孩子來，當然我自己的小孩也在一旁，彼此可以互相幫忙照看小孩，非常愉快。做甜點的時間也能稍微消除育兒造成的壓力呢！」

吉川小姐開始製作無奶油甜點，是5～6年前的事。在一個炎熱的夏日，朋友偶然帶了非常美味的無奶油甜點來給吉川小姐品嘗。

「當時的日本，這一類的食譜書相當的少，我就查了國外的食譜，開始試做用沙拉油製成的餅乾等烘烤類甜點。用沙拉油來做甜點能凸顯出各種食材的香氣，非常美味，植物油也不像奶油一般，必須先回復至室溫後再使用，因此製作起來格外輕鬆。」

居住在距離車站徒步7分鐘、被綠意所包圍的東京閑靜住宅區裡的低樓層社區，與大自己3歲的先生及26歲的女兒一起過著三人生活。擺放著法國餐具及甜點道具的清爽美麗廚房，總是保持得整齊乾淨。而在自家開設的小班制甜點教室名為「Kouglof（クグロフ）」。

使用兩顆全蛋，做出清爽、口感輕盈的布丁。
以低溫烘烤，不須隔水烘烤也能做出滑嫩感覺。
為了不使邊緣過熱，
在烤盤鋪上鋁箔紙與烘焙紙是關鍵。

的，吉川小姐就是這樣開始製作無奶油甜點也因此她重新感受到雞蛋的強大力量。

「託雞蛋的福，即使是用沙拉油做的甜點也會大幅提升變得很美味。布丁或奶油烤布蕾、蛋塔上的卡士達奶醬等，這些甜點的加熱方式很重要。溫度太高的話口感就會瞬間變硬，必須以不過熱且剛剛好的程度去烘烤，才能呈現最美味的口感。」

另外，像是長崎蛋糕或戚風蛋糕、蛋糕捲等甜點，依據雞蛋的打發方式不同，也會改變味道。

「長崎蛋糕這種以雞蛋為主的蛋糕，如果打發過度，蛋糕體會變得粗糙，打發時間必須比蛋糕捲的海綿蛋糕更短一點。製作戚風蛋糕時，則必須打發到即使搖動調理盆，裡面的蛋白霜也不會晃動的程度，因此即使不用戚風模，隨興的製作，還是會好好的膨脹起來。」

蛋糕捲的麵粉比例，相對於雞蛋來得較低，所以加入麵粉後必須充分攪拌，以完成口感細緻的麵糊。

一個月開設4～5次的甜點教室，很可惜的是目前已不招收新生，但20年來，來往於教室的學生數量非常之多，總是被學生的笑聲包圍著。製作甜點的時間、享用甜點的時間都是令人如此愉悅。吉川小姐與甜點的甜蜜關係，從過去到現在都不曾改變。

流理臺下方的大型抽屜裡，放有磅蛋糕模、圓形模、瑪德蓮模、分離模等滿滿的蛋糕模。最近中意的是法國製的塔模。因為沒有底，容易加熱，能烤出酥脆的派皮。

吉川小姐開設的甜點教室「Kouglof」，裡面放著學生從法國．阿爾薩斯買來的咕咕霍夫陶器。教室名稱也是因為吉川小姐喜歡用咕咕霍夫模做甜點，因而命名。

（→）吉川小姐愛用的法國製的餐具。上層的杯盤是PILLIVUYT。下層是APILCO的餐具。大的圓形器皿也會拿來做布丁、舒芙蕾或焗烤。

書櫃裡放著的，是25年前上甜點課時開始寫下的40本以上的食譜筆記。手寫的食譜配上老師的話語，還夾雜著當時年幼女兒畫的塗鴉。留下了一邊育兒一邊學習的歷史。

卡士達布丁

材料（20.5×16×深3cm的琺瑯盤1個份）

雞蛋…2顆
細砂糖…50g
牛奶…360mℓ
香草精…少許

【焦糖醬】
細砂糖…60g
水…4小匙

事前準備

・在烤盤上依序疊鋪鋁箔紙、烘焙紙。

作法

1 製作焦糖醬：在小鍋裡放入細砂糖與水，轉中火，邊搖晃鍋子邊熬煮，待糖漿轉為深茶色後熄火。倒入琺瑯盤迅速鋪滿（**a**・小心燙傷），靜置5分鐘左右使表面凝固。將烤箱預熱至120℃。

2 在鍋裡倒入牛奶後轉中火，充分加熱直到沸騰前熄火。

3 將雞蛋及細砂糖放入調理盆，用打蛋器攪拌。少量慢慢倒入**2**混合（**b**），再加入香草精混合均勻。

4 過篩後倒入已放置於烤盤上的琺瑯盤（**c**），用廚房紙巾迅速去除表面的浮沫，以120℃烘烤35分鐘左右，轉為100℃後再烤15分鐘左右。待表面出現彈性即烤好。稍微放涼後放入冰箱冷藏1小時以上。

＊要將布丁從琺瑯盤脫模時，先從邊緣淺淺的入刀劃一圈，用手按壓邊緣使布丁脫模（**d**・看到焦糖醬浮出即是已脫模的證據），蓋上平盤或琺瑯盤後迅速翻轉過來即可。

鮮奶油烤布蕾

滿滿的蛋黃與鮮奶油，創造出濃厚的美味。
用噴槍炙烤前，先放入冷凍庫冷卻，
做出表面脆脆、裡面軟嫩的狀態。

材料（20.5×16×深3㎝的琺瑯盤1個份）

蛋黃…4顆份
細砂糖…50g
［牛奶…250mℓ
　鮮奶油…200mℓ
香草精…少許
裝飾用細砂糖…2大匙

事前準備

・在烤盤鋪上烘焙紙。
・烤箱預熱至120℃。

作法

1 在鍋裡放入牛奶與鮮奶油，轉中火，加熱至沸騰前熄火。

2 將蛋黃及細砂糖放入調理盆，用打蛋器攪拌，少量慢慢倒入**1**混合，再加入香草精混合均勻。

3 過篩倒入已放置於烤盤上的琺瑯盤，用廚房紙巾迅速去除表面浮沫，以120℃烘烤20分鐘左右，轉100℃後再烤20分鐘左右。稍微放涼後放入冷凍庫冷卻30分鐘~1小時。

4 在食用前於表面灑上細砂糖，用瓦斯噴槍將表面烤出焦色及脆脆的口感（**a**）。也可以取一支不再使用的湯匙，用爐火加熱後以湯匙背面炙燒烤布蕾的表面（小心別燙傷）。

*如果沒有要立即食用，請先放入冰箱冷藏，食用前30分鐘~1小時再移到冷凍庫，（冷凍後用噴槍炙烤時，烤布蕾表面不易融化）。
*剩下的蛋白可以做達克瓦茲，也可做成蛋白霜，混合果汁後冷凍，則可以做成冰沙。

楓糖長崎蛋糕

以楓糖漿取代蜂蜜，滋味更加輕盈。
重點在於使用日本上白糖，
完成長崎蛋糕的烤色與濕潤感。
要注意雞蛋若打發過頭，蛋糕體會變粗糙。

材料（20.5×16×深3㎝的琺瑯盤1個份）

高筋麵粉…80g
上白糖…60g
雞蛋…3顆
A ┌ 楓糖漿…35㎖
  └ 水…4小匙
植物油…1又½大匙

事前準備

・雞蛋回復至室溫。
・將材料A放入耐熱容器，不包覆保鮮膜，放入微波爐（600W）加熱20秒後攪拌均勻。
・在琺瑯盤裡鋪上烘焙紙。
・烤箱預熱至170℃。

作法

1 在調理盆裡放入雞蛋與上白糖，用手持攪拌器高速打發。打發至撈起時麵糊能往下堆積成緞帶狀，並迅速消失的程度（**a**）後，轉為低速打發30秒，加入材料A後以低速攪拌至粉狀物溶解。

2 分兩次加入高筋麵粉，用橡膠刮刀從底部撈起般充分攪拌（**b**），加入植物油後以同樣的手法攪拌。＊

3 倒入琺瑯盤後，將琺瑯盤往檯面上敲5～6次，去除空氣（**c**），放入170℃的烤箱烘烤15分鐘，再降到160℃後繼續烤10分鐘左右出爐後。出爐後將琺瑯盤從15㎝高處往下落到檯面，去除空氣，脫模後在表面包覆保鮮膜，翻過琺瑯盤倒置10分鐘（**d**・為了讓表面平整），接著翻回，撕掉保鮮膜，輕輕覆蓋烘焙紙後放涼。

＊加入麵粉後的攪拌次數，第1次為40次，第2次為60次，加入植物油後約攪拌20次。
＊放置一天後，蛋糕更濕潤、美味。

a

b

c

d

肉桂馬芬

馬芬蛋糕的特徵是質地稍微粗糙，
所以加入麵粉後，不要攪拌的太過均勻。
用高溫烤好，吃起來外酥內濕潤。

材料（20.5×16×深3㎝的琺瑯盤1個份）

A
- 低筋麵粉…120g
- 泡打粉…1小匙
- 肉桂粉…少許

蔗糖…70g
雞蛋…1顆

B
- 植物油…55㎖
- 原味優格…50g
- 牛奶…50㎖
- 香草精…少許

事前準備
- ・雞蛋回復至室溫。
- ・在琺瑯盤裡鋪上烘焙紙。
- ・烤箱預熱至190℃。

作法

1 在調理盆裡放入雞蛋及蔗糖，用打蛋器繞圓攪拌至融合。依序倒入材料B（植物油分3～4次加入），並仔細攪拌均勻。

2 將材料A過篩倒入，用打蛋器從中心開始繞圓攪拌，稍微殘留一點粉感，改用橡膠刮刀從底部撈起般輕輕攪拌（不要攪拌過度）。

3 倒入琺瑯盤後讓麵糊淌平，在檯面上輕敲一次去除空氣，放入190℃烤箱內烘烤23～25分鐘。用竹籤戳刺蛋糕中央，確認沒有沾上黏稠的麵糊，即烘烤完成。

香草戚風蛋糕

仔細鋪滿烘焙紙，讓麵糊貼合琺瑯盤，
這樣膨脹起來會更加漂亮。
即使烤得較薄，也能呈現出軟綿綿的美味口感。

材料（20.5×16×深3cm的琺瑯盤1個份）

A
- 低筋麵粉…50g
- 泡打粉…½小匙

B
- 蛋黃…2顆份
- 細砂糖…30g
- 水…2大匙
- 植物油…1又½大匙
- 香草精…少許

【蛋白霜】
- 蛋白…2顆份
- 細砂糖…20g

事前準備
- ・將蛋白放入冰箱冷藏。
- ・在琺瑯盤裡鋪上長25×寬13.5cm的烘焙紙。
- ・烤箱預熱至170℃。

作法

1 在調理盆裡放入材料B，用打蛋器攪拌融合。再過篩倒入材料A，繞圓攪拌均勻。

2 在另一個調理盆裡放入蛋白及細砂糖，用手持攪拌器高速打發，製作出能立起尖角的蛋白霜。將其中的一半份量倒入**1**，用打蛋器從底部撈起般稍微攪拌，再倒入剩餘一半份量的蛋白霜，用橡膠刮刀持續攪拌。

3 倒入琺瑯盤，用橡膠刮刀從中心往四個角抹平，將琺瑯盤往檯面上落下數次，去除空氣，放入170℃的烤箱烘烤約20分鐘。出爐後將琺瑯盤從15cm的高度往檯面上落下數次去除空氣，稍微靜置後，用手剝開黏住琺瑯盤長邊邊緣的蛋糕（**a**），取出放涼。

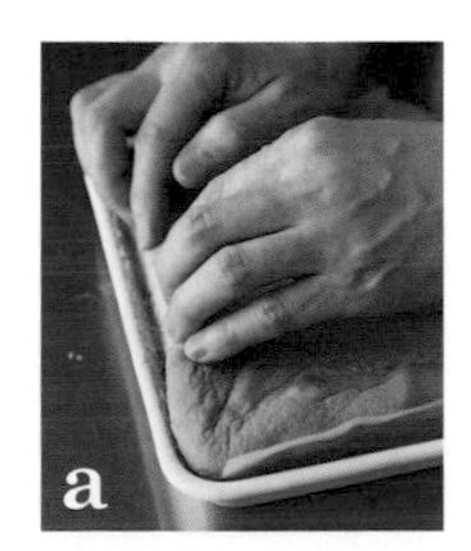

材料（20.5×16×深3㎝的琺瑯盤1個份）

【海綿蛋糕麵糊】
低筋麵粉…15g
細砂糖…25g
雞蛋…1顆
A ┌ 牛奶…1小匙
　 └ 植物油…1小匙

【奶油】
鮮奶油（乳脂肪40%以上）…40㎖
細砂糖…1小匙
蘭姆酒…½小匙

事前準備
・雞蛋回復至室溫。
・在琺瑯盤裡鋪上烘焙紙。
・烤箱預熱至190℃。

原味蛋糕捲

使用較小的調理盆處理雞蛋，
即使不用隔水加熱，也能充分打發。
乳脂肪含量高的鮮奶油容易打發，也容易捲起。

作法

1　製作海綿蛋糕：取一個較小的調理盆（直徑約15㎝）放入雞蛋及細砂糖，用手持攪拌器以高速打發。打發至撈起時如緞帶般疊起（**a**），且不會馬上消失的狀態，改為低速打發30秒。

2　篩入低筋麵粉，用橡膠刮刀從底部撈起般充分攪拌（**b**），將材料A用打蛋器攪拌至濃稠狀後倒入，同樣攪拌均勻。＊

3　倒入琺瑯盤整平，往檯面上落下數次，去除空氣，放入190℃的烤箱烘烤約10分鐘。取出蛋糕靜置放涼，再連同烘焙紙一起放入塑膠袋冷卻。

4　製作奶油：在調理盆裡放入所有材料，底部另取容器放入冰水墊著，打發至奶油霜出現尖角為止（約九分發）。

5　將**3**的紙剝掉，烤色面朝上，置於縱長狀的烘焙紙上，將遠離自己的蛋糕外側邊緣斜切1㎝。除終點處留下1.5㎝不塗，其餘皆平均塗抹上**4**。將靠近自己的內側，對摺般稍稍用力往前捲起，做出奶油蛋糕捲的中心（**c**），接下來連同烘焙紙一起提起，將蛋糕向前捲起。將蛋糕捲終點處置於下方，一手從上方包覆固定蛋糕，一手將下方的烘焙紙往外拉（**d**），收緊蛋糕捲後用保鮮膜整個包覆，放入冰箱冷藏30分鐘以上定形。

＊倒入麵粉後攪拌的次數為60次，倒入材料A之後攪拌約20次。

a

b

c

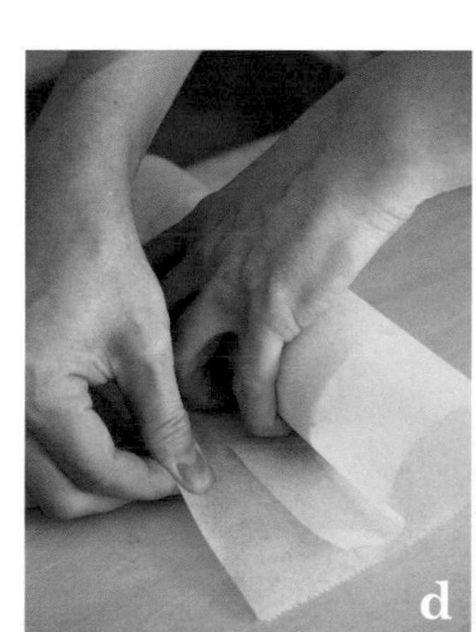
d

蛋塔

用微波爐就能做的卡士達醬，加入優格會變成清爽的滋味。如果卡士達醬不夠稠，可一次**10**秒，多次慢慢加熱至變稠為止。

材料（20.5×16×深3㎝的琺瑯盤1個份）

【派皮麵糰】

A
- 低筋麵粉…100g
- 蔗糖…2小匙
- 鹽…¼小匙
- 泡打粉…¼小匙

B
- 植物油…40㎖
- 水…4小匙

【餡料】

C
- 雞蛋…2顆
- 蔗糖…50g
- 蜂蜜…1又½大匙
- 玉米澱粉…1大匙
- 牛奶…100㎖
- 香草精…少許

原味優格…80g

事前準備
- ．雞蛋回復至室溫。
- ．裁好與琺瑯盤同尺寸的烘焙紙。
- ．烤箱預熱至200℃。

作法

1 製作派皮麵糰：在調理盆裡篩入材料A，於正中央挖一個凹洞，倒入材料B，並在凹洞處用打蛋器攪拌至濃稠狀。

2 用切刀將周圍的麵粉覆蓋住麵糊，融合一半左右時，用切的手法攪拌。當粉感消失，整體變濕潤後，用切刀將麵糰切半重疊，輕輕地用手壓，並重複這樣的做法2～3次。

3 麵糰放在烘焙紙上，覆蓋上保鮮膜，用擀麵棍擀成22×19㎝的片狀後，取下保鮮膜，將麵糰連同烘焙紙一同放入琺瑯盤整好形，再用叉子在整片麵糰上刺出小孔。放入200℃的烤箱，烘烤20分鐘左右。

4 製作內餡：將材料C（玉米澱粉過篩篩入）依序放入耐熱調理盆後用打蛋器攪拌，不覆蓋保鮮膜，放入微波爐（600W）加熱1分鐘後攪拌均勻。接著以50秒、20秒、20秒、10秒的時間加熱，讓內餡呈現濃稠感（**a**．注意高溫）。

5 在**4**內混入事先過篩的優格，再倒入**3**後待表面平整，以170℃烘烤13～15分鐘。稍微放涼後，放入冰箱冷藏2小時左右。

吉川文子

千葉縣出身的甜點研究家。1995年於自家開設甜點教室「kouglof」。
在藤野真紀子、近藤冬子、法國甜點主廚桑托斯．安托瓦努等人的門下拜師。以法國傳統甜點為基底，並以無奶油甜點為主，為雜誌及書籍提供食譜。著有《零砂糖蛋糕》（主婦與生活出版社）、《用植物油製作鬆軟蛋糕與酥脆餅乾》（Orange Page）、《不用奶油做出咖啡、紅茶、日本茶甜點》（文化出版局）等書。
http://kougloflove.blog120.fc2.com/

3

若山曜子的
水果甜點

香蕉加上蘋果，
檸檬配上覆盆莓。
用當季水果做成的甜點，
最符合時節的樂趣。
香蕉加熱後，會變得綿密且濃厚。
連皮燉煮蘋果，也能呈現美麗的顏色。
擅長在甜點中加入法式技巧的若山小姐，
精心收藏的簡單食譜，都在本書一一介紹。

◉ 檸檬蛋糕——作法參照第38頁。

搬到東京・自由之丘附近已經兩年半，在住宅區中的家裡，與先生及愛貓小萌一起生活。每年春天，都能在庭院欣賞大大的櫻花樹。從大學時代就常與最愛甜食的先生，一起探訪各地的手工甜點。現在，則是在自己家中開設小班制的甜點與料理教室。

蘋果加上檸檬、草莓……若山小姐著有許多以水果為主題的書籍。

「很多日本的水果都是直接吃就很美味，但法國的水果有的卻是又酸又硬。不過，這些較具酸味及口感的水果，反而很適合用來製作甜點呢！」

若山小姐很擅長製作奶油香氣十足的法式甜點，但只要使用了水果，即使不用奶油，也能做出美味的甜點。

「充分發揮水果的酸味、甜味、香味，就能做出非常好吃的甜點。香蕉擁有如鮮奶油般的濃醇香味，利用這點，就能做出口感濃郁的甜點。透過加熱，能讓水果變得軟嫩，也會跟乳製品很搭。蘋果稍微煮過之後，我覺得跟所有甜點都很搭配。」

若山小姐開始對製作甜點產生興趣，是從小學低年級開始。

「住在岡山的祖母突然病倒，於是媽媽帶著我回到岡山照顧祖母，一起生活。當時我最期待的，就是總會帶著伴手禮，從東京來看我們的爸爸。爸爸常常買來東京很受歡迎的甜點，但是，岡山的祖母家附近卻沒有好吃的甜點店。當時我就在想，要怎麼樣才能吃到好吃的甜點呢？最後決定照著食譜自己來做。」

既然可以做甜點，那麼學校的便當當然也是自己做，若山小姐就這樣對烹飪也產生了興趣。高中時，若山小姐立定了將來到法國留學的志向。大學2、3年級時正式前往法國，畢

(↑) 大約15年前在法國買的馬口鐵罐，現在放在客廳用來收納文具。最右邊的是黎巴嫩料理的食譜書。因為很喜歡在法國的黎巴嫩料理店吃到的鷹嘴豆泥及黎巴嫩沙拉，所以常看這本書。

(←) 在法國跳蚤市場買到的骨董湯匙及叉子。法國人很少用叉子吃甜點，不過吃法式蝸牛用的小叉子倒是偶爾會拿來吃甜點。

自家的庭院裡種滿了柚子及檸檬、迷迭香、荷蘭芹等盆栽。其中最喜歡有著檸檬般清爽香味的「馬鞭草」，很適合加入香草茶或桃子冰沙。

業後到巴黎及尼斯留學。進入甜點學校後，開啟了真正的法式甜點學習之路。

「在甜點學校上學非常開心，同學有8成都是法國人，也有越南或韓國的留學生，日本人就只有我一位而已。年齡層也很廣，可能我上的是社會人士課程，大家都非常拚命。我當時抱著『真想永遠待在法國』的心情在那邊學習，那段日子真的好充實。」

平常在學校就一直在做甜點，周末則跟朋友一起四處找尋好吃的店。結束了這樣的留學生活，回到日本的若山小姐，不只學會了純正的法式甜點技術，也帶回了很重要的回憶。

「在留學的過程中，看到比自己能幹的學生也會感到深受打擊。但我所追求的，是能在家裡製作的甜點。正因為是不怎麼靈光的我，才能為讀者提供比較容易嘗試的食譜吧。」

盡可能不花費太多工夫，就能在家裡做出好吃的甜點，若山小姐是這麼想的。抱持著這樣的心意，做出來的都是簡單、容易製作而又令人心動的可愛甜點。

廚房門板上是先生畫的插畫。到了聖誕節之類的節日，還會畫上新的圖案。黑板上可以寫字、用磁鐵貼上收據等，非常方便。

加入瀝乾水分的優格，
成為口感輕盈的檸檬蛋糕。
烤好後趁熱放上煮好的檸檬片，
讓糖漿充分浸透。
是款質地簡單，只用打蛋器攪拌就能做好的甜點。

檸檬蛋糕

材料（20.5×16×深3㎝的琺瑯盤1個份）

A
- 低筋麵粉…60g
- 泡打粉…½小匙

B
- 原味優格…60g
- 細砂糖…50g
- 蜂蜜…½小匙

雞蛋…1顆
植物油…2又½大匙
檸檬汁…1小匙
磨碎的檸檬皮…⅓顆份

【檸檬糖漿】
檸檬…9片薄片
（使用正中央部分約⅔顆份）

C
- 細砂糖…50g
- 水…50㎖

事前準備
- 將優格放入鋪上廚房紙巾的竹簍，架在調理盆上方1小時左右，將水分瀝乾。準備瀝乾後約30g的優格（**a**）。
- 雞蛋回復至室溫。
- 將烘焙紙鋪在琺瑯盤裡。

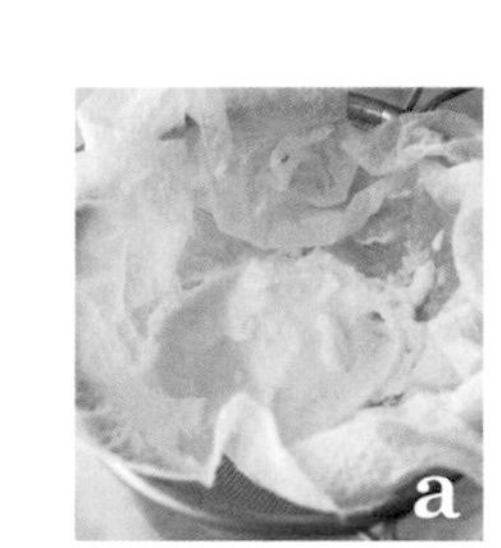

作法

1 製作檸檬糖漿：在小鍋裡放入材料C後開火，待細砂糖溶解再放入檸檬，蓋上用烘焙紙做的蓋子，用小火煮5分鐘將檸檬煮出剔透感，直接靜置冷卻。接著將烤箱預熱至190℃。

2 在調理盆裡放入材料B，用打蛋器攪拌（**b**），少量慢慢倒入蛋液，繞圓攪拌後，篩入材料A，用打蛋器從底部撈起般切割攪拌（**c**），稍微殘留一點粉感的狀態下少量慢慢倒入植物油，繼續攪拌。最後加入檸檬汁及檸檬皮拌勻。

3 倒入琺瑯盤整平（**d**），放入190℃烤箱烘烤15~20分鐘後取出。趁熱放上**1**（**e**），淋上糖漿。

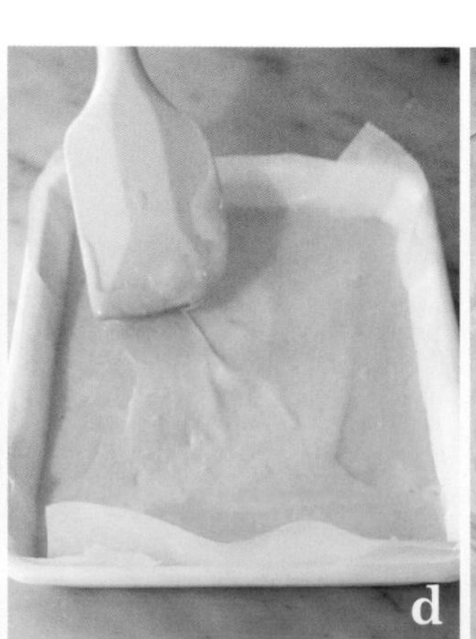

檸檬司康

用鮮奶油做出濕潤又濃郁的司康。
烘烤途中取出分切製造出切痕，
烤出切面酥脆、中間香味四溢的司康。

材料（20.5×16×深3cm的琺瑯盤1個份）

A
- 低筋麵粉…200g
- 蔗糖…2大匙
- 泡打粉…2小匙

B
- 鮮奶油…200mℓ
- 檸檬汁…2小匙

【檸檬糖霜】
- 糖粉…30g
- 檸檬汁…1小匙
- 磨碎的檸檬皮…少許

裝飾用的磨碎檸檬皮…½顆份

事前準備
- 將材料B事先混合。
- 將烘焙紙鋪在琺瑯盤裡。
- 烤箱預熱到190℃。

作法

1 在調理盆裡放入材料A，用打蛋器迅速攪拌，在正中央倒入材料B，再用橡膠刮刀如切割般攪拌。

2 攪拌成團後，在調理盆中將麵糰摺疊數次，用手壓成比琺瑯盤稍小的尺寸，再放入琺瑯盤後用手壓平。用刀劃出2×3列的刀痕。放入190℃的烤箱烘烤15分鐘後取出，照刀痕切一次，再放入烤箱烘烤10分鐘左右。

3 稍微放涼後，在糖粉裡依序倒入檸檬汁、磨碎檸檬皮，用湯匙攪拌成糖霜狀（a），倒在司康表面，再撒上檸檬皮。

a

香蕉楓糖蛋糕

用楓糖及鮮奶油快速的煮一下香蕉，
做出濃稠又有深度的餡料。
這餡料可以摻在蛋糕麵糊裡，也可以用於表面裝飾。
再放上切成大塊的核桃，就能享受特別的口感。

材料（20.5×16×深3㎝的琺瑯盤1個份）

A
- 低筋麵粉…75g
- 泡打粉…½小匙

蔗糖…40g
雞蛋…1顆
鮮奶油…25㎖
植物油…2大匙
核桃…15g

【香蕉楓糖漿】
香蕉…大的2根（果肉約240g）
楓糖漿…2大匙
鮮奶油…2大匙

事前準備
・雞蛋回復至室溫。
・香蕉切成7～8㎜片狀。
・將烘焙紙鋪在琺瑯盤裡。

作法

1 製作香蕉楓糖漿：在小鍋裡放入楓糖漿及鮮奶油，開中火稍稍煮乾，再放入香蕉裹上糖漿（**a**），冷卻。烤箱預熱至190℃。

2 在調理盆裡放入雞蛋及蔗糖，用打蛋器繞圓攪拌至融合，再少量慢慢加入植物油，攪拌至產生濃稠感為止（**b**）。接著倒入鮮奶油，仔細攪拌均勻。

3 倒入¼量的1，用打蛋器細細壓碎攪拌均勻，再篩入材料A，迅速攪拌避免黏住（**c**）。

4 將麵糊倒入琺瑯盤整平，用手將核桃剝成大塊撒上（**d**），放入190℃烤箱烘烤約20～25分鐘。用竹籤穿刺中央，確認沒有沾上黏稠的麵糊即烘烤完成。稍微放涼後，放上剩餘的**1**。

＊剛出爐時或冷藏過後都一樣好吃。
＊夏天先放冰箱冷藏，回復常溫後再食用。

a

b

c

d

蘋果蛋糕捲

宛如戚風蛋糕般入口即化的質地。
將蘋果擺放在蛋糕起點2㎝處排成一列，
這樣完成的蛋糕捲，蘋果就會位在正中央，能捲得很漂亮。

材料（20.5×16×深3㎝的琺瑯盤1個份）

【海綿蛋糕麵糊】
低筋麵粉…15g
細砂糖…20g
雞蛋…1顆
植物油…2小匙
牛奶…2小匙

【奶油】
A
鮮奶油…50㎖
細砂糖…1小匙
原味優格…40g

【甜煮蘋果】＊
蘋果…小型1顆（果肉約180g）
B
細砂糖…50g
水…150㎖
檸檬汁…1小匙

＊這裡使用¼量。

事前準備
・將優格放入鋪上廚房紙巾的竹簍，疊放在調理盆上約1小時，將水瀝乾。瀝乾後的優格約20g。
・將蘋果切成4等分，去除果皮及芯（果皮留下備用）。
・在琺瑯盤裡鋪上烘焙紙。

作法
1 製作甜煮蘋果：在小鍋裡放入材料B及蘋果皮煮滾，再放入蘋果蓋上烘焙紙，以小火煮10分鐘，在鍋中靜置冷卻，之後切成1.5㎝的小丁。將烤箱預熱至180℃。

2 製作海綿蛋糕：將蛋黃及蛋白分開，放入不同的調理盆。在蛋黃裡加入植物油，用打蛋器攪拌至濃稠狀，依序放入牛奶、低筋麵粉（過篩後放入），繞圓攪拌。另外用手持攪拌器以高速打發蛋白，並少量慢慢加入細砂糖，做出能立起尖角的蛋白霜（**a**）。

3 分兩次將蛋黃麵糊倒入蛋白霜內，第一次倒入時用打蛋器仔細攪拌，第二次則用橡膠刮刀從底部往上撈起般攪拌。

4 將**3**倒入琺瑯盤整平（**b**），放入180℃的烤箱烘烤約12分鐘。取出蛋糕，依序蓋上烘焙紙及乾布，放涼。

5 將材料A打發成蓬鬆狀，加入優格打發至能立起尖角為止。剝掉**4**的烘焙紙，烤色面朝上，置於縱長狀的烘焙紙上，塗上奶油，用刀在起點前方2㎝處切一道切痕後，依序往外切出4道淺淺的切痕。將瀝乾水分的**1**排放在第一道切痕上（**c**），連同烘焙紙一起往上提後開始捲起，將中心的蘋果包覆好再向前捲成圓筒狀（**d**）。捲好的終點處朝下，並用保鮮膜包覆蛋糕捲，放入冰箱冷藏30分鐘以上定形。

a

b

c

d

蘋果起司蛋糕

融入了奶油起司後，成為滋味深奧的蛋糕。
將生蘋果切片放上烘烤，吃起來會十分多汁。
表面也可以放上起司做為點綴。

材料（20.5×16×深3㎝的琺瑯盤1個份）

A
- 低筋麵粉…120g
- 泡打粉…1小匙

奶油起司…70g
蔗糖…70g

B
- 雞蛋…2顆
- 植物油…2大匙

蘋果（紅玉）…1顆（果肉180g）
蜂蜜…2小匙
裝飾用奶油起司…50g

事前準備
- 奶油起司及雞蛋回復至室溫。
- 用打蛋器將材料B攪拌至濃稠狀。
- 去除蘋果芯，連皮切成3㎜厚的片狀。
- 在琺瑯盤裡鋪上烘焙紙。
- 烤箱預熱至190℃。

作法

1 在大碗裡放入軟化的奶油起司及蔗糖，用打蛋器攪拌，並少量慢慢加入材料B，繞圓攪拌。

2 篩入材料A，用橡膠刮刀從底部撈起般以切割的方式攪拌。

3 將麵糊倒入琺瑯盤整平，再將蘋果片稍微錯開的排成兩列，淋上蜂蜜，隨意擺上剝開的奶油起司。放入190℃的烤箱烘烤25～30分鐘。

＊依喜好，可在烤好後再度淋上蜂蜜。

覆盆莓OREO布朗尼

混入切細的板狀巧克力，簡單就能完成布朗尼。
覆盆莓的酸味能襯托巧克力的甜味。
表面裝飾的**OREO**餅乾讓蛋糕有了可愛的樣子。

材料（20.5×16×深3㎝的珐瑯盤1個份）

A
- 低筋麵粉…40g
- 可可粉…10g
- 泡打粉…一小撮

蔗糖…60g
雞蛋…1顆
植物油…5大匙
板狀巧克力（黑巧克力）…½片（25g）
覆盆莓（冷凍）…20g
OREO餅乾…2組

事前準備
- ・雞蛋回復至室溫。
- ・將板狀巧克力切塊。
- ・在珐瑯盤裡鋪上烘焙紙。
- ・烤箱預熱至190℃。

作法

1 在調理盆裡放入雞蛋及蔗糖，用打蛋器繞圓攪拌至融合，再少量慢慢倒入植物油，攪拌至濃稠狀。

2 篩入材料A，用打蛋器攪拌至粉狀物消失為止。接著放入巧克力，用橡膠刮刀攪拌整盆麵糊。

3 將麵糊倒入珐瑯盤整平，放上覆盆莓（冷凍狀態），將OREO餅乾剝成4~6等分隨意撒上，放入190℃的烤箱烘烤約15分鐘。

＊冷卻後馬上享用，或是放置1天，都同樣美味。

藍莓冰凍優格

使用了優格、鮮奶油、蜂蜜，
做成奶香十足
又有著溫和甜味的冰涼點心。
將鮮奶油輕輕打發，
口感既蓬鬆又柔軟。

材料（21×16.5×深3㎝的琺瑯盤1個份）
原味優格…150g
鮮奶油…150㎖
細砂糖…2大匙
蜂蜜…1大匙
藍莓（冷凍）…100g

作法
1 在調理盆裡放入鮮奶油及細砂糖，打發至出現軟角的程度（約八分發）。加入優格及蜂蜜後切割攪拌，倒入藍莓（冷凍狀態）後，將整盆材料混合均勻。
2 倒入琺瑯盤，放入冷凍庫冷凍約2小時使其凝固。

若山曜子

料理研究家。自東京外國語大學法語系畢業後，前往法國留學。就讀巴黎藍帶廚藝學校、斐杭狄廚藝學校，取得糕點師、冰淇淋師、巧克力甜點師、糖果師等法國國家資格（C.A.P）。在巴黎的烘焙坊累積了工作經驗，回國後積極為咖啡店研擬菜單、為雜誌書籍及電視節目提供食譜。著有《用奶油／植物油做餅乾及無模塔》、《用奶油／植物油做馬芬及杯子蛋糕》、《平底鍋做義式燉飯》等書籍（以上皆為主婦與生活出版社出版）。

http://tavechao.com/

4

小堀紀代美的
紅茶&巧克力甜點

身為西點老店的女兒，小堀小姐從小就對好吃的餅乾蛋糕十分熟悉。
自己開設的料理教室除了料理課程外，
學生們更期待的是她端出的甜點。
加了紅茶或巧克力、香氣四溢的馬芬蛋糕，
或是濃縮了印度奶茶香味的戚風蛋糕，
有許多能迅速完成的美式風格甜點。

◉紅茶果醬馬芬——作法參照第51頁。

令人難以相信，距離東京澀谷站只須徒步10分鐘的寧靜住宅區裡，擁有40年歷史的老式公寓，這裡就是小堀小姐的家。客廳或廚房都可以穿著鞋進入，充滿外國風格。造訪了超過40個國家的小堀小姐，連自宅也很有個人特色。可惜由於建築歷史太過久遠，不得不重建，今年秋天只好跟先生及愛犬法國鬥牛犬莫娜一起搬到新家去了。

身為栃木縣宇都宮的大型西點老店的女兒，小堀小姐從小就被好吃的甜點圍繞著。學生時代還曾因為制服上沾滿了甜點的香味，而被老師罵「是誰在偷吃甜點!?」這樣特別的經驗。「我下午的點心，就是到店裡展示櫃，選自己喜歡的蛋糕來吃（笑）。做甜點的是爸爸，媽媽則負責將蛋糕甜點切片擺在店裡。我好喜歡跟爸爸一起煎可麗餅、用戚風蛋糕切下來的邊包著奶油及水果一起吃。親戚也是開蛋糕店的，小時候常參觀餅乾工廠，最喜歡那甜甜香味了。」

從小，家族旅行就常到東京近郊的蛋糕店巡禮。吃著好吃的甜點，到做甜點的廚房參觀的經驗，現在也連結著小堀小姐對味道的記憶。常不經意地浮現「啊，這個味道好像我小時候吃過的餅乾」這樣的念頭。

這樣的小堀小姐，是在35歲後才開始製作甜點的。

「一開始沒辦法做得很好吃，這樣反而讓我燃起鬥志。身為具有商人氣質的甜點師女兒，我的個性是會將一樣東西反覆做到最好為止。一開始做的是焦糖磅蛋糕，數不清到底做了多少次了呢。」

每次失敗的時候，總是會跟小自己11歲的甜點師弟弟聊聊。「甜點師製作的，是用來烤100個蛋糕的食譜；而料理家要做的，則是將一道菜做得美味的食譜。我覺得相較之下，將一道料理做得美味比較困難。」弟弟這麼對她

料理教室使用的食器與甜點模具，擺放在經營咖啡店時期所使用的層架上。從法國買來的盤子多半是有花紋而非純白色。黃底搭配鮮明花樣的壁紙，則是從義大利網購而來。

廚房瓦斯爐前放置的水藍色迷你車，是為了搭配小堀小姐過去經營的咖啡店『LIKE LIKE KITCHEN』店裡的壁紙顏色，從柏林買來的。旁邊食玩尺寸的銅鍋則是用來放鹽的。

小堀小姐擅長將各國料理結合成一道美味佳餚。以黃色為基調的美麗廚房，小雞黃的流理台是針對外國人士的喜好所設計，其價格也稍高。

說。現在她在自宅開設料理教室，將各國料理結合起來的大盤料理非常受歡迎，在教授同一組料理的兩個半月課程裡，吸引了約400位學生前來學習。教室裡最受歡迎的，是小小的烤餅乾或冰點這類的「附餐點心食譜」。在料理完成後端出這些甜點，大家都表示既容易製作又十分美味。

跟弟弟感情很好的小堀小姐，前幾年秋天也跟弟弟一起到紐約與舊金山旅遊，並充分享受馬芬等美式烘焙甜點。「這次的食譜是用可可與板狀巧克力做的馬芬，是美式的『巧克力甜點』風味。紅茶馬芬則是淡淡的紅茶香，相反的，印度奶茶戚風蛋糕及奶酪口感濃厚，吃起來會像直接喝印度奶茶一樣。」

家裡客廳放著500本以上、色彩繽紛的西洋書籍，廚房布置得有如美國電影的場景。小堀小姐做出來的馬芬及戚風蛋糕，有一種難以形容的懷舊感、洋溢著外國的滋味與香氣。

房間一隅放置的杯子及玻璃杯、小盤子等，是讓教室學生「自由使用」的專區。古董卡車玩具及老鼠玩偶，都是從法國跳蚤市場買來的。

紅茶果醬馬芬

吃起來就像在紅茶裡加了果醬，
有俄國茶飲的氣氛。
稍微打發雞蛋與蔗糖，
可以做出質地輕盈而有份量感的蛋糕。

材料（20.5×16×深3㎝的琺瑯盤1個份）

A
- 低筋麵粉…150g
- 紅茶葉（茶包）…2袋（4g）
- 泡打粉…1又½小匙
- 鹽…一小撮

蔗糖…70g
雞蛋…2顆
植物油…4大匙
豆漿（成分無調整）…4大匙
草莓果醬…5～6小匙
裝飾用細砂糖…1大匙

事前準備
- 將雞蛋與豆漿回復至室溫。
- 在琺瑯盤裡鋪上烘焙紙。
- 烤箱預熱至180℃。

作法

1 在調理盆裡放入雞蛋及蔗糖，輕輕打發至變白且綿密的狀態（**a**・也可使用手持攪拌器打發）。再加入植物油，繞圓攪拌至呈濃稠狀（**b**）。

2 篩入⅓量的材料A，用打蛋器繞圓攪拌至融合為止。依序加入一半的豆漿⇓再加入⅓量的材料A（先過篩）⇓接著加入剩下的豆漿⇓再將剩下的材料A（先過篩）加入，最後用橡膠刮刀從底部撈起般攪拌（**c**）。

3 麵糊倒入琺瑯盤整平，將草莓果醬以每½小匙放上，排放成3×3列（**d**），均勻撒上細砂糖後，放入180℃的烤箱烘烤約20～25分鐘。用竹籤穿刺中央，確認沒有沾上黏稠的麵糊，即烘烤完成。

a

b

c

d

可可馬芬

可可風味、質地酥脆的蛋糕。
搭配微酸的奶油起司糖霜裝飾，
記得，吃之前再放上糖霜就可以囉！

材料（20.5×16×深3㎝的琺瑯盤1個份）

A
- 低筋麵粉…150g
- 可可粉…15g
- 泡打粉…1又½小匙

- 細砂糖…70g
- 雞蛋…2顆
- 植物油…4大匙
- 牛奶…4大匙

- 奶油起司…50g
- 糖粉…40g
- 檸檬汁…½小匙

事前準備
- ‧雞蛋、牛奶及奶油起司回復至室溫。
- ‧在琺瑯盤裡鋪上烘焙紙。
- ‧烤箱預熱至180℃。

作法

1 在調理盆裡放入雞蛋及砂糖，輕輕打發至變白且綿密狀。加入植物油，繞圓攪拌至濃稠狀。

2 篩入⅓量的材料A，用打蛋器攪拌均勻。並依序交互加入一半的牛奶⇓⅓量的材料A（過篩），再用橡膠刮刀從底部往上撈起般攪拌。倒入琺瑯盤整平，放入180℃的烤箱烘烤約20分鐘。

3 在奶油起司裡依序加入糖粉（少量慢慢加入）、檸檬汁，用橡膠刮刀攪拌做成糖霜（**a**），待**2**冷卻後放上。

花生醬板狀巧克力馬芬

用「吉比花生醬」就能輕鬆代替花生奶油。
將板狀巧克力剁成大塊，一些摻入麵糊，一些則當作裝飾，
做出滿滿巧克力感的美味蛋糕。

材料（20.5×16×深3㎝的琺瑯盤1個份）

A
- 低筋麵粉…100g
- 全麥麵粉…50g
- 泡打粉…1又½小匙

蔗糖…60g
雞蛋…2顆
植物油…4大匙
豆漿（成分無調整）…4大匙
花生醬（微糖・顆粒）…60g
板狀巧克力（黑）…1片（50g）

事前準備

- 雞蛋、豆漿及花生醬回復至室溫。
- 將板狀巧克力剁成大塊。
- 在琺瑯盤裡鋪上烘焙紙。
- 烤箱預熱至180℃。

作法

1 在調理盆裡放入雞蛋及蔗糖，輕輕打發至變白且綿密狀。加入植物油，繞圓攪拌至濃稠狀。

2 篩入⅓量的材料A，用打蛋器攪拌均勻。並依序交互加入一半的豆漿⇒⅓量的材料A（先過篩）後，再用橡膠刮刀從底部往上撈起般攪拌。加入花生醬後切割攪拌過，再加入一半量的巧克力。

3 倒入琺瑯盤整平，再放上剩下的巧克力塊，放入180℃的烤箱烘烤約25分鐘。

紅茶戚風三明治
印度奶茶三明治

夾入拌了水果及堅果的奶油三明治，
使用的正是蓬鬆又有份量感的戚風蛋糕。
用低溫充分烤熟的蛋糕，
特徵是質地鬆鬆軟軟卻又不易扁塌。

材料（20.5×16×深3㎝的琺瑯盤1個份）

A
- 低筋麵粉…50g
- 紅茶葉（茶包）…2袋（4g）
- 泡打粉…½小匙

細砂糖…20g＋30g
雞蛋…2顆
植物油…4小匙
牛奶…4小匙

【鮮奶油】

B
- 鮮奶油（乳脂肪40%以上）…50㎖
- 細砂糖…1小匙

橘子…1顆

事前準備

・將橘子的蒂頭與底部切掉，用刀將橘子皮縱向切掉，在每一瓣果肉的薄皮上切出V字取下果肉後，取出橘子籽（**a**）。
・將雞蛋的蛋黃與蛋白分開，蛋白放入冰箱冷藏。
・在琺瑯盤裡鋪上烘焙紙。
・烤箱預熱至160℃。

a

作法

1 在調理盆裡放入蛋黃及20g細砂糖，用打蛋器打發至變白。依序倒入植物油及牛奶，攪拌至濃稠狀。篩入材料A，繞圓攪拌均勻（**b**）。

2 在另一個調理盆裡放入蛋白，用手持攪拌器以高速打發，30g的砂糖分兩次倒入，打發成能立起尖角的蛋白霜（**c**）。將其中一半的蛋白霜倒入**1**，以打蛋器撈起並落下的手法攪拌，再倒入剩餘的蛋白霜，用橡膠刮刀從底部撈起般攪拌（**d**）。

3 從距離琺瑯盤較高的位置倒入麵糊（**e**・以去除多餘空氣），並將琺瑯盤在檯面上落下數次去除空氣後，放入160℃的烤箱烘烤約30分鐘。

4 將材料B打發成能立起尖角的狀態（九分發）。放涼後將**3**橫切半，烤色面朝上，依序放上一半份量不到的奶油⇒橘子⇒剩餘的奶油，再放上另一片蛋糕（烤色面朝下）。用保鮮膜包覆放進冰箱冷藏30分鐘以上定形，取出後連同保鮮膜一起切成3等分。

＊印度奶茶戚風三明治的做法：
在牛奶裡放入紅茶葉（茶包）3袋（6g），以小火煮至沸騰前熄火，悶煮5分鐘，過篩，準備4匙濃紅茶液。以紅茶液代替牛奶，用¼小匙肉桂粉代替材料A的紅茶葉，再加入⅛小匙小豆蔻粉及少許的黑胡椒。塗上打至9分發的鮮奶油50㎖+蔗糖½小匙，再夾上剁成大塊的綜合堅果（鹽味的也可以）30g，淋上一大匙蜂蜜之後做成三明治。

b

c

d

e

印度奶茶奶酪

印度奶茶濃厚的香氣，奶香味十足。
利用冰水做出濃稠感後再冷卻凝固，
就不會分成兩層，並具有柔滑的口感。

材料（20.5×16×深3cm的琺瑯盤1個份）

A
- 牛奶…400㎖
- 紅茶葉（茶包）…6袋（12g）
- 薑…切薄片2～3片
- 肉桂棒…½根
- 小豆蔻（粒狀）…5～6粒
- 黑胡椒粒…3～4粒

鮮奶油…200㎖
細砂糖…60g

- 吉利丁粉…5g
- 水…1大匙

事前準備

・先將吉利丁泡水使其膨脹。

作法

1 在鍋裡放入材料A（小豆蔻先壓扁）以小火煮至沸騰前熄火，悶5分鐘後用篩網過篩成奶茶。準備好250㎖的奶茶。

2 在鍋裡放入**1**、鮮奶油、細砂糖，用打蛋器邊攪拌邊開小火加熱，不要沸騰。待砂糖溶解後即熄火，倒入膨脹的吉利丁使其溶解。

3 在鍋底墊冰水，用耐熱刮刀從底部往上攪拌冷卻，產生彈性後倒入琺瑯盤，放入冰箱冷藏1小時以上冷卻凝固。

*可改為肉桂粉1小匙、小豆蔻粉½小匙、黑胡椒少許，倒入作法2。

小堀紀代美

料理研究家。栃木・宇都宮的西點老店之女，從小成長過程就對西點相當熟悉。曾在東京・富之谷的咖啡店『LIKE LIKE KITCHEN』（2012年結束營業）擔任老闆兼主廚，目前在自家開設同名料理教室。擅長以辛香料或香草製作料理，為雜誌等刊物研擬許多食譜。著有《水果沙拉＆甜點》（NHK出版）、《兩道菜完成義大利麵定食》（文化出版局）、《預約不到的料理教室LIKE LIKE KITCHEN的美味食譜》（主婦之友社）。

http://blog.livedoor.jp/likelikekitchen/

5

ムラヨシマサユキ的大理石花紋甜點

高雅又可愛的大理石花紋甜點。
無論是切開之前都無法想像的
蛋糕切面花紋，
還是膨脹起來的蛋糕
所產生的意想不到圖樣，
總是讓人心跳加速覺得好興奮。
大理石甜點給人技巧高深的感覺，
但ムラヨシ先生的大理石花紋甜點，每個都很簡單喔！
不只是特別的日子，當作平時的點心也很適合。

◉可可大理石起司蛋糕
◉南瓜大理石起司蛋糕
——作法參照第61頁。

招牌的蘑菇頭配上圓圓的眼鏡，這樣的外表讓ムラヨシ先生被稱作「甜點界的眼鏡王子」。個性十足的個人風格及充滿原創風味的食譜很受大眾歡迎，在雜誌及電視節目等媒體上都相當活躍。

「從小我就很愛吃。因為爸爸以前是日本料理廚師，所以全家都很愛美食，但不管是對衣服還是房子都不太講究。雖然家中甚至連烤箱也沒有，但松茸的季節一來到，就會做烤松茸、蒸松茸或炸松茸，用好多作法去料理，邊吃邊評比。爸爸好像也希望我能成為日本料理廚師，高中畢業就要我去拜師學習，但我半途就放棄，跑去蛋糕店工作了。」

在蛋糕店工作的時期，ムラヨシ先生曾經突擊採訪他最喜歡的甜點師傅。師傅也敗給ムラヨシ先生的熱情，讓ムラヨシ先生在廚房見習，還讓他試吃派餅、蛋糕、冰淇淋等。ムラヨシ先生如此強烈的研究精神與熱情，也投射在料理及甜點的書籍上。

「剛過20歲的時候，我讀了有元葉子小姐的散文，以及藤野真紀子小姐的甜點書，受到很大的刺激。當時非常想要書中寫到的美國甜點研究家出版的食譜書，甚至因此跑到當地去買！」

「在思考食譜時，一定要站在讀者的立場，否則就會淪為自我滿足的食譜了。」ムラヨシ先生這麼說。這次的大理石花紋甜點，也為了讓甜點初學者能輕鬆嘗試不失敗，特別採

搬到跟新宿差不多距離的東京都新建大樓已經7年。招牌髮型一向是交給熟識的造型師處理，結果就變成現在這樣了。「我對髮型呀、時尚呀都沒什麼興趣……」ムラヨシ先生說。反而會趁忙碌的空檔找時間出門慢跑，同時趁機看看超商出的新甜點，這是他每天必做的事。

客廳的架子收納著無印良品買來的分享用白色盤子。上面的籃子放的是從國外收集來的點心模。玻璃茶壺大多用來喝中國茶，是從最近常去工作的台灣買來的。

（→）廚房層架上放的打蛋器是料理教室專用，分為鋼絲較疏的攪拌用及鋼絲較密的打發慕斯用。左邊的是吸水性很強的「擦杯布」，因為使用起來很方便，就準備了40條左右。

瓦斯烤箱喜歡用林內的多功能瓦斯烤箱。另外還有兩台電烤箱，分別用於烤點心及麵包。前方掛的是ムラヨシ先生愛用的針織帽……才怪，只是跟帽子很像的茶壺保溫套啦！

用了更為簡單的製作方式。

「我到目前為止出過的書裡，也都有寫到起司蛋糕及布朗尼蛋糕的做法，但這次要用更簡單的手法，並以不使用奶油這種嶄新方式，來做出口感更輕盈的蛋糕。考慮到要可以每天享用，因此也降低了蛋糕甜度。」

另外，關於大理石花紋蛋糕：

「大理石花紋對我來說，是讓人感到興奮、額外添加的巧思。不期而遇的特別花紋是最美的，不用思考太多，一口氣不中斷的迅速畫出圖案，就會很順利。希望讀者特別注意的是，用竹籤拉出花紋時，只能往同一個方向進行。另外，動作都一模一樣的話花紋也會變得過於規則，而大理石花紋就是要不規則才顯得美麗，建議用大小不一的8字形來畫出不規則的花紋。」

ムラヨシ先生的風格就是「懷抱著愉快心情做出來的蛋糕，一定也能帶給享用之人愉快的心情。」無論畫出什麼樣的花紋，製作蛋糕的過程一定都會讓人既心動又興奮！

ムラヨシ先生最喜歡的就是料理書了。書架上滿滿的料理、甜點、麵包等相關書籍。另外還有10個紙箱的藏書，會依照不同的季節為書架「換季」。

可可大理石起司蛋糕
南瓜大理石起司蛋糕

材料（20.5×16×深3cm的琺瑯盤1個份）

奶油起司…200g
鮮奶油…100mℓ
細砂糖…60g
雞蛋…1顆
低筋麵粉…2大匙
A［可可粉…1大匙
　 熱水…1又1/2大匙

將奶油起司回復到室溫是製作時最重要的關鍵。
用微波爐加熱到微溫狀態也可以。
大理石麵糊要從高一點的位置往下倒喔！

事前準備

- 奶油起司與雞蛋回復至室溫。
- 先將材料A攪拌均勻。
- 在琺瑯盤裡鋪上烘焙紙。
- 烤箱預熱至170℃。

作法

1 在調理盆裡放入已軟化的奶油起司、砂糖及低筋麵粉，用橡膠刮刀充分攪拌（a）。依序倒入蛋液、鮮奶油，再用打蛋器繞圓攪拌（b）。

2 倒入琺瑯盤（c），用湯匙將攪拌好的材料A從較高的位置細細滴落，做出大理石花紋（d）後，放入170℃烤箱烘烤40～50分鐘。用竹籤穿刺中央，確認沒有沾上黏稠的麵糊，即烘烤完成。稍微放涼後連同琺瑯盤放入冰箱冷藏一晚。

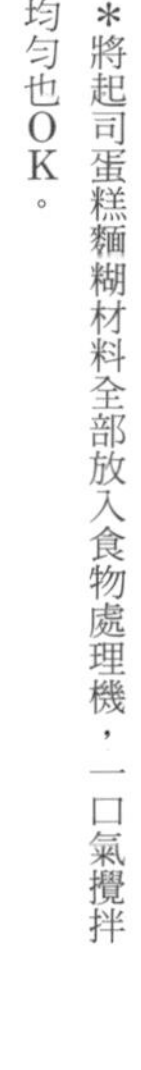

*將起司蛋糕麵糊材料全部放入食物處理機，一口氣攪拌均勻也OK。

*製作南瓜大理石起司蛋糕時：
取約1/8顆南瓜（160g）去掉籽及瓜綿，切成2cm的小丁，覆上保鮮膜，放入微波爐（600W）加熱2～3分鐘，去皮後趁熱搗成泥，準備100g的南瓜泥。混入牛奶50mℓ、細砂糖2小匙，倒入原味起司蛋糕的麵糊後，再做出大理石花紋。

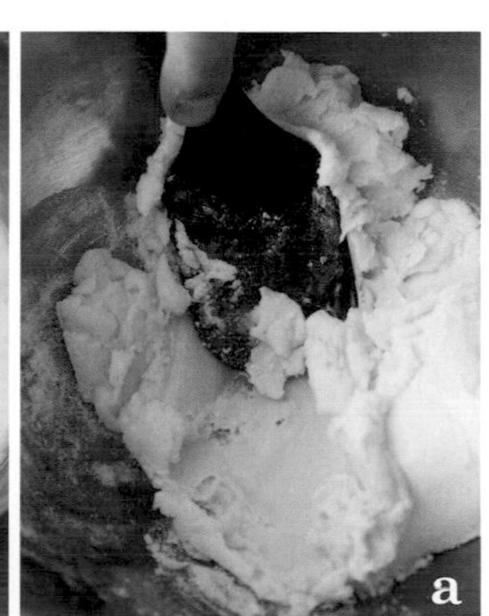
a

b

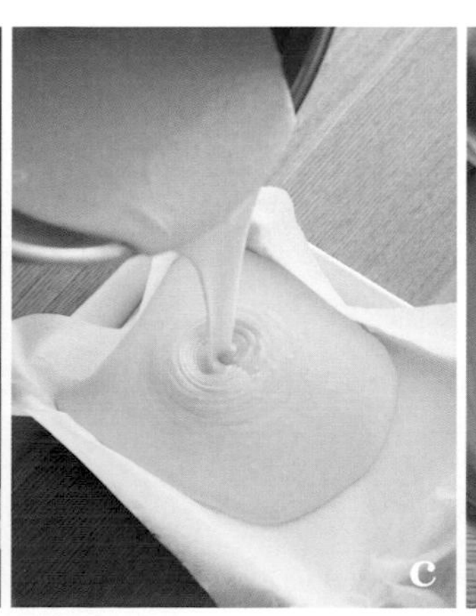
c

d

黑芝麻大理石豆腐起司蛋糕

將豆腐的水分去除，充分攪拌成柔滑狀。
將竹籤刺到底部，仔細地劃出8字形，
就能做出連蛋糕中間也完美的大理石花紋。

材料（20.5×16×深3㎝的琺瑯盤1個份）

奶油起司…200g
嫩豆腐…½塊（150g）
細砂糖…40g
雞蛋…1顆
A
- 低筋麵粉…2大匙
- 黑芝麻醬…1大匙
- 黑芝麻粉…2小匙
- 水…1大匙

事前準備

- ・用廚房紙巾包覆豆腐，放入冰箱2～3小時瀝乾水分，瀝乾後的豆腐約100g。
- ・奶油起司與雞蛋回復至室溫。
- ・先將材料A攪拌均勻。
- ・在琺瑯盤裡鋪上烘焙紙。
- ・烤箱預熱至170℃。

作法

1 在調理盆裡放入豆腐，用打蛋器壓碎，再放入軟化的奶油起司及細砂糖攪拌成柔滑狀。

2 倒入蛋液，用打蛋器仔細攪拌，再篩入低筋麵粉，繞圓攪拌至粉狀物消失。

3 倒入琺瑯盤，將攪拌好的材料A均勻散於整個蛋糕表面（a），用竹籤穿刺麵糊直到底部，劃出8字形製作大理石花紋（b）。接著，放入170℃烤箱，烘烤35～40分鐘。稍微放涼後連同琺瑯盤放入冰箱冷藏一晚。

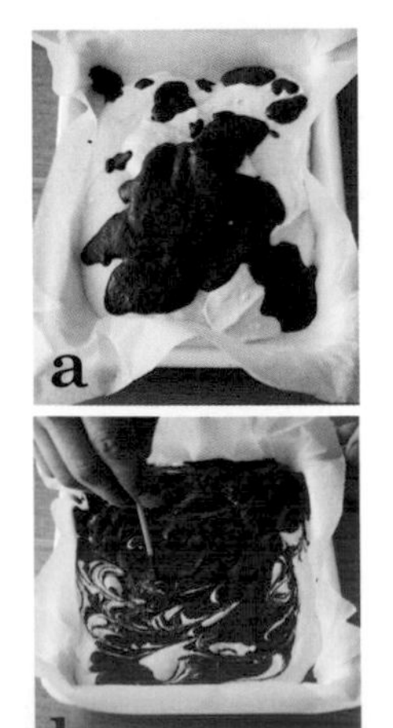

覆盆莓大理石生起司蛋糕

在珐瑯盤裡放入原味麵糊與覆盆莓麵糊，
交互重疊做出斑馬花紋。
用**OREO**餅乾做出的蛋糕底帶著苦味，將成為重要點綴。

材料（20.5×16×深3㎝的珐瑯盤1個份）

奶油起司…200g
原味優格…100g
鮮奶油…100㎖
細砂糖…70g
吉利丁粉…5g
水…1大匙
覆盆莓（冷凍）…100g

【餅乾底】
OREO餅乾…6組

事前準備

・奶油起司、優格、鮮奶油回復室溫。
・覆盆莓蓋上保鮮膜，放入微波爐（600W）加熱3分鐘後，再篩掉種子。
・先將吉利丁泡水使其膨脹。
・在珐瑯盤裡鋪上烘焙紙。

作法

1 製作餅乾底：將OREO餅乾（連同奶油夾心）裝入夾鏈袋，用擀麵棍敲成細碎狀。倒入珐瑯盤，覆上保鮮膜後用手壓緊。

2 在調理盆裡放入已軟化的奶油起司、細砂糖後，用橡膠刮刀仔細攪拌，再依序放入優格、鮮奶油，用打蛋器繞圓攪拌。倒入事先放入微波爐（600W）加熱15～20秒的吉利丁（小心不要煮沸），並仔細攪拌均勻。

3 取出⅓量的**2**放入另一個較小的調理盆，再放入覆盆莓用打蛋器仔細攪拌。

4 在**1**的正中央放入兩個湯杓量的**2**，稍微鋪平。依序放上滿滿一大匙的**3**、一個湯杓的**2**，反覆交互疊上（**a**），再於檯面上落下數次使麵糊表面平整，並放入冰箱冷藏3小時以上即可。

a

白巧克力&咖啡的大理石布朗尼

用板狀巧克力簡單做出的兩種布朗尼。
製作大理石花紋最重要的，
就是要不規則的劃出大小不一的8字形。
小心不要烤過頭，才能呈現出濕潤的口感。

材料（20.5×16×深3㎝的琺瑯盤1個份）

A
- 板狀巧克力（黑巧克力）…1片（50g）
- 植物油…2又½大匙
- 牛奶…2大匙

細砂糖…50g
雞蛋…1顆
鹽…一小撮

B
- 低筋麵粉…50g
- 可可粉…15g

- 板狀巧克力（白巧克力）…1片（40g）
- 植物油…1大匙

事前準備
- 雞蛋回復至室溫。
- 將板狀巧克力全部用手剝成2㎝的小丁。
- 在琺瑯盤裡鋪上烘焙紙。
- 烤箱預熱至160℃。

作法

1 在調理盆裡放入A材料，隔水加熱（底部墊80℃的熱水。80℃約是鍋底冒出氣泡的程度），用打蛋器攪拌溶解。

2 在調理盆裡依序放入雞蛋及細砂糖、鹽，繞圓攪拌，篩入材料B，緩緩攪拌直到粉狀物消失為止後，倒入琺瑯盤，並於檯面上落下使麵糊表面平整。

3 在另一個調理盆裡放入白巧克力及植物油，隔水加熱溶解，再用湯匙舀起細細的白巧克力液滴在**2**的表面。用竹籤在表面劃上大小不一的8字形，做出大理石花紋。將琺瑯盤放入160℃烤箱中，烘烤約20分鐘。最後用竹籤穿刺蛋糕中央，稍微沾上一點麵糊就表示烤好了。

*咖啡大理石布朗尼：
隔水加熱溶解板狀巧克力（白巧克力）2片（80g）與牛奶2大匙，依序倒入雞蛋2顆，細砂糖60g、低筋麵粉（過篩後倒入）70g，製作麵糊。之後將麵糊倒入已預先鋪了50g蘭姆葡萄的琺瑯盤內。再混合各2小匙的即溶咖啡與楓糖漿、1小匙的熱水後，滴落作成大理石花紋，以同樣的溫度時間進行烘烤。因為比較不易熟，所以一定要用竹籤確認蛋糕中央烘烤的狀況。

抹茶大理石磅蛋糕

在調理盆裡倒入原味麵糊及抹茶麵糊，
不必攪拌，使其緩緩流入琺瑯盤，隨意描繪出複雜的花紋。
剛放涼就是最好吃的時候。

材料（20.5×16×深3㎝的琺瑯盤1個份）

A
- 低筋麵粉…100g
- 泡打粉…1又½小匙

杏仁粉…30g
細砂糖…80g
雞蛋…2顆
植物油…4大匙
牛奶…2大匙

B
- 抹茶…1大匙
- 熱水…1大匙

事前準備

- 雞蛋回復至室溫。
- 將材料B攪拌好，冷卻備用。
- 在琺瑯盤裡鋪上烘焙紙。
- 烤箱預熱至170℃。

作法

1 在調理盆裡放入雞蛋跟植物油，用打蛋器繞圓打出綿密感。加入杏仁粉與細砂糖仔細攪拌，再篩入材料A，繞圓攪拌至粉狀物消失為止。倒入牛奶後攪拌整盆麵糊。

2 將⅓量的**1**取出，放入一個較小的調理盆內，加入材料B，用打蛋器仔細攪拌。攪拌完後倒入**1**的正中央（這時不攪拌）。

3 將麵糊慢慢倒入且疊積於琺瑯盤正中央（**a**）後，將琺瑯盤在檯面上落下數次，讓麵糊表面平整後，放入170℃烤箱中，烘烤約35分鐘。

a

a

黃豆粉大理石司康

酥脆又有著輕盈口感的美式司康。
以黃豆粉＋黑糖蜜，用手攪拌做出花紋。
黑糖蜜容易烤焦，因此盡量不要露出表面太多。

材料（20.5×16×深3㎝的琺瑯盤1個份）

- 低筋麵粉…250g
- 細砂糖…3大匙
- 泡打粉…2小匙
- 鹽…一小撮
- A 雞蛋…2顆
- A 植物油…4大匙
- A 牛奶…2又½大匙
- B 黃豆粉…2大匙
- B 黑糖蜜…1大匙
- 增添光澤用的牛奶…適量

事前準備

- 雞蛋回復至室溫。
- 在琺瑯盤裡鋪上烘焙紙。
- 烤箱預熱至180℃。

作法

1 在調理盆裡放入粉類，用打蛋器攪拌，並在正中央做出凹洞，倒入材料A後用橡膠刮刀攪拌出濃稠感。

2 用粉類蓋住材料A，以橡膠刮刀從底部往上撈起切拌，待粉感消失，用手揉捏10秒左右。

3 倒入攪拌好的材料B，用手揉捏成團（**a**），倒入琺瑯盤鋪平。用刀子切出2×4列的切痕，塗上牛奶，放入180℃的烤箱烘烤20～23分鐘。放涼後用刀切開。

ムラヨシマサユキ

1978年新潟縣出生。自甜點學校畢業後，在糕點店、咖啡店及餐廳工作，之後自行創業。以麵包研究家的身分活躍於雜誌書籍、電視等媒體。2009年開始在自家開設甜點及麵包教室。以提供既正統又美味、且在家裡容易製作的甜點及料理食譜為主。著有《甜點可以做得更好吃！》、《CHOCOLATE BAKE》、《CHEESE BAKE》（主婦之友社）、《ムラヨシマサユキ的甜點：想要一做再做的經典食譜》（西東社）等書籍。

6

中川玉的 紅豆餡&黃豆粉甜點

一定要從紅豆餡開始製作嗎？
沒這回事喔！
用水煮紅豆罐頭或市售紅豆泥，
再融合黃豆粉的香氣，
就能輕鬆做好甜點。
「意外的每一樣都很適合搭配咖啡。」
中川小姐這麼說。
製作時加入豆腐或豆漿，滋味清爽，
是嘗一口就停不下來的美味。

◉紅豆餡豆腐蛋糕
◉黃豆粉豆腐蛋糕
──作法參照第71頁。

布朗尼磅蛋糕、餅乾或酥餅……平時中川玉小姐就常製作不使用奶油的甜點。

「有很多甜點，得用植物油才能呈現出美味口感。不管怎麼說，使用植物油的麵糰都很容易製作。連派皮也能做得酥酥脆脆。」

唯一需要小心的是，用植物油做的麵糰，如果不小心攪拌過頭，烤起來會變得硬梆梆。另外，用豆腐取代雞蛋，也是中川小姐製作甜點時的一大重點。

「做磅蛋糕的時候，我會加入豆腐讓它更濕潤。但是，不加雞蛋烤色就不易呈現，這時的訣竅就是稍微提高烤溫。」

這次的主題是紅豆餡與黃豆粉做的甜點。但其實中川小姐小時候是不太喜歡紅豆餡的。

「高中時在自家附近的日式甜點店打工。試吃用的豆餡饅頭如果有剩下，上班時間肚子餓時就會忍不住把它吃掉，那時才漸漸喜歡上紅豆餡。結果才半年就胖了好多（笑）。」

充滿懷舊氣氛的西伯利亞蛋糕，經由中川小姐的雙手之後，也能把複雜的食譜變得簡單許多。

「一般店裡販賣的紅豆餡甜點都很甜，如果是自己做，就能調整成理想的甜度。可以將市售的水羊羹切碎後加熱溶解成餡，再用蛋糕夾起來即可。同樣也能輕鬆的自由搭配白豆沙餡或抹茶餡。」

紅豆餡及黃豆粉的甜點看似日本風味，但其實跟咖啡也很搭，拿來做為西式午茶也很適合喔！

搬至神奈川．逗子市已經8年，中川小姐的家是有著45年歷史，充滿風情的獨棟建築。在這個走到鎌倉海邊也只要五分鐘的城鎮，與在服飾業工作的先生及擅長夏威夷舞的女兒，三人一起生活。剛搬來時才剛上中學的女兒，如今已是大學生了。育兒任務已告一段落，目前的中川小姐，每天最期待的就是看到跑來家裡玩的帥氣貓咪「kuruo」的臉呢！

「紅豆餡能讓蛋糕顯得更濕潤，黃豆粉甜點在烤的時候會讓家裡充滿香氣。在稍乾的黃豆粉蛋糕淋上楓糖漿、在黃豆粉酥餅裡加鹽凸顯甜味，都是製作時可以留意的技巧。」直接在爐子上煮、用烤箱烤、放涼變脆就能保存……等，這些方便的優點讓中川小姐經常利用琺瑯盤來做甜點。

「用琺瑯盤製作的『我家甜點』，最棒的一點就是能利用容易製作的材料、容易製作的份量，迅速完成。像是酥餅也是，本來它的麵糰有點硬，必須用擀麵棍來擀平，但這時只要用手簡單揉捏就能做好了。」

這次介紹的食譜，豆腐不需要先瀝乾水分，麵糰也只需要用手攪拌，簡單到讓人很想馬上試一試。「用植物油做的甜點，剛做好馬上享用更好吃喔！」中川小姐這麼說。是呀！每種甜點都讓人想馬上吃光光呢。

其實原料是紙做的黃色大盤子，以及日本製的老玻璃器皿，都常用來放水果。右邊是陶藝家做的小缽，可以用來插花或用水浸泡蔬菜備用。

客廳側邊有個大窗戶，一整天都有溫暖的陽光從葉隙灑落。氣氛舒適，讓人忍不住想待著不走。窗邊隨意放著小小的擺飾品。

上開式的玻璃箱，是在舊器具店一見鍾情買下的。玻璃杯以古董為主，選用的是可以喝紅酒也可用來喝果汁的百搭造型。

廚房窗邊排放著從古董店買來的美麗玻璃瓶。底部有凹洞，據說是法國的氣泡酒專用瓶。用這樣的水瓶裝著水端上桌，感覺格外奢華。

紅豆餡豆腐蛋糕
黃豆粉豆腐蛋糕

豆腐選用嫩豆腐，不需要瀝乾水分，直接使用。
這樣做，能使蛋糕濕潤又柔軟。
與堅果脆脆的口感相得益彰。
可用市售的粒狀紅豆餡代替水煮紅豆。

材料（20.5×16×深3㎝的琺瑯盤1個份）

A
- 低筋麵粉…150g
- 泡打粉…2小匙
- 鹽…一小撮

B
- 嫩豆腐…170g
- 蔗糖…3大匙
- 植物油…3大匙

水煮紅豆（罐頭）…100g
杏仁片…20g

事前準備
- ・在琺瑯盤裡鋪上烘焙紙。
- ・烤箱預熱至170℃。

作法

1 在調理盆裡放入材料B，用打蛋器繞圓攪拌至柔滑狀（**a**），接著再放入水煮紅豆，並快速攪拌（**b**）。

2 篩入材料A，用橡膠刮刀切拌（**c**）。

3 倒入琺瑯盤鋪平，撒上杏仁片（**d**）。放入170℃烤箱烘烤約30分鐘。用竹籤戳刺中央，確認沒有沾上黏稠的麵糊，即烘烤完成。

＊黃豆粉豆腐蛋糕：
在材料B裡放入1大匙楓糖漿，在材料A裡加入30g黃豆粉。麵糊準備好後，用平底鍋將剁大塊的山核桃（或是胡桃）50g炒香，倒入麵糊內快速攪拌，再倒入琺瑯盤以相同溫度時間烘烤。

a

b

c

d

材料（20.5×16×深3㎝的琺瑯盤1個份）

【長崎蛋糕】

A
- 高筋麵粉…25g
- 低筋麵粉…25g

蔗糖…60g

雞蛋…2顆

植物油…1大匙

【水羊羹】

市售的紅豆泥（或是水煮紅豆罐頭）…300g

B
- 寒天粉…3g
- 水…150㎖
- 蔗糖…2大匙

鹽…一小撮

事前準備

・雞蛋回復至室溫。

・在琺瑯盤裡鋪上烘焙紙。

・烤箱預熱至190℃。

西伯利亞蛋糕

先將長崎蛋糕切半，就能切片切得很漂亮。
將融化的水羊羹放置一下，
待凝固成綿密狀才倒在蛋糕上，這很重要，
如此一來才能做出漂亮的分層。

作法

1 製作長崎蛋糕：在調理盆裡放入雞蛋及蔗糖，用手持攪拌器攪拌，墊熱水（底部墊60℃左右的熱水）高速打發。待麵糊撈起呈現緞帶狀堆積且不會立刻消失的程度時（**a**），從熱水上移開，倒入植物油用打蛋器繞圓攪拌。

2 分兩次篩入材料A，第一次用打蛋器繞圓充分攪拌，第二次用橡膠刮刀從底部往上撈起般攪拌。

3 倒入琺瑯盤（**b**），鋪平，將琺瑯盤往檯面落下數次去除空氣，放入190℃烤箱烘烤約5分鐘後，降溫至170℃繼續烤18分鐘。取出琺瑯盤，移除烘焙紙放涼。

4 製作水羊羹：在鍋裡放入材料B，用木匙不斷攪拌並以中火加熱，一沸騰即熄火。加入紅豆泥及鹽攪拌，常溫靜置15～20分鐘使其產生濃稠感。

＊先放少量在長崎蛋糕上，若沒有滲入蛋糕即OK。

5 將長崎蛋糕切半，再分切成一半厚度，放在鋪了保鮮膜的琺瑯盤上，烤色朝下。將**4**的水羊羹倒於蛋糕上鋪平（**c**），放上剩餘的蛋糕（**d**），蓋上保鮮膜放入冰箱冷藏1小時定形。將四端的尖角切掉，切成四等分⇒再斜切成三角形。

＊可在常溫下保存2～3天。夏天請放在冰箱冷藏。

a

b

c

d

紅豆芝麻派

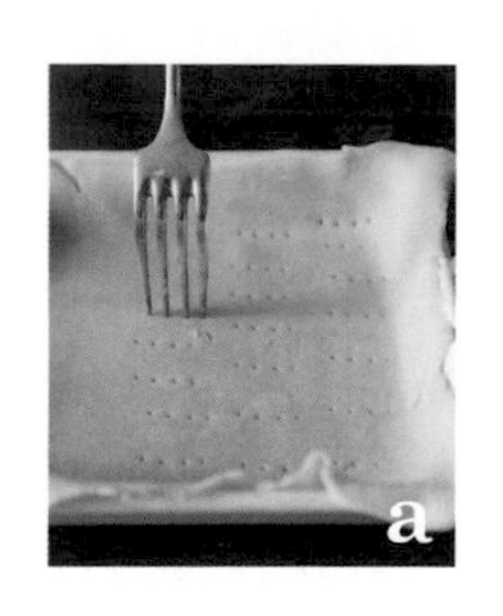

混入了超香的黑芝麻醬，宛如月餅色澤的紅豆餡，
夾在酥脆輕盈的派皮裡。
塗上楓糖漿，使派皮烤出香氣及焦色。

材料（20.5×16×深3㎝的琺瑯盤1個份）

A
- 低筋麵粉…180g
- 太白粉…20g
- 鹽…⅓小匙
- 植物油…70㎖
- 冷水…3大匙

B
- 市售紅豆泥…300g
- 黑芝麻醬…30g
- 鹽…一小撮

增添光澤用的楓糖漿…適量

事前準備
- ・在琺瑯盤裡鋪上烘焙紙。
- ・烤箱預熱至180℃。

作法

1 在調理盆裡放入材料A，用手迅速攪拌，加入植物油後繞圓攪拌，用兩手摩擦搓揉成為不沾黏的碎屑狀態。加入冷水，用橡膠刮刀按壓成團。

2 將麵團分成2等分，分別在烘焙紙上摺疊2～3回，用擀麵棍擀成3㎜厚（琺瑯盤上方大小）。鋪一片在琺瑯盤上並用叉子戳出許多小孔（**a**），再放入攪拌均勻的材料B，鋪平，再放上1片麵糰（邊緣處往內摺）。

3 在表面薄薄的塗上楓糖漿（或是牛奶），用刀切出幾處切痕，放入180℃的烤箱烘烤約35～45分鐘。

黃豆粉酥餅

杏仁粉能帶來濕潤感，
楓糖漿則帶有獨特風味及深奧的香氣。
酥鬆口感加上黃豆粉的香味十分吸引人。

材料（20.5×16×深3㎝的琺瑯盤1個份）

A
- 低筋麵粉…160g
- 黃豆粉…30g
- 杏仁粉…20g
- 蔗糖…2大匙
- 鹽…一小撮

植物油…80㎖
楓糖漿…4大匙
粗鹽…少許

事前準備

・在琺瑯盤裡鋪上烘焙紙。
・烤箱預熱至170℃。

作法

1 在調理盆裡放入材料A，用打蛋器繞圓攪拌，加入植物油用手繞圓攪拌，以兩手摩擦搓揉成為不沾黏的碎屑狀態（如粗麵包粉般）。接著再加入楓糖漿，揉成團。

2 將麵團放入琺瑯盤用手壓平。用刀子切出2×8列的切痕，用竹籤在上面戳出許多小孔，撒上粗鹽，放入170℃的烤箱烘烤約35～40分鐘。趁還溫熱時沿著切痕用刀切塊。

豆漿布丁佐黃豆粉生薑醬汁

甜味清爽入口即化的布丁，
搭配加上生薑後香氣四溢的黃豆粉醬汁，
醬汁只要用湯匙攪拌就能完成，相當簡單。

材料（20.5×16×深3㎝的琺瑯盤1個份）
豆漿（成分無調整）…400g
蔗糖…2大匙
吉利丁粉…5g
水…2大匙
【黃豆粉生薑醬汁】
黃豆粉…1小匙
生薑（磨碎）…1小匙
蜂蜜…50㎖

事前準備
・先將吉利丁泡水使其膨脹。

作法
1 在鍋裡放入一半量的豆漿、蔗糖，用木匙邊攪拌邊以中火加熱，待砂糖溶解即可熄火。放入膨脹好的吉利丁，溶解後倒入剩下的豆漿，仔細攪拌均勻。
2 倒入琺瑯盤，稍微放涼後放入冰箱冷藏2小時以上使其凝固。之後澆上攪拌好的醬汁食用即可。

中川玉

1971年兵庫縣出生。曾於服飾店工作，在結婚的同時來到東京。在自然食品店工作，2004年成立外燴團體「NIGINIGI」，2008年自行創業。之後為雜誌書籍研擬食譜，在神奈川，逗子市的自宅開設小班制的料理教室，專門教授以當季食材入菜的食譜。著有《小玉的大而化之甜點》（家之光協會）、《常備菜　早午晚餐的好幫手》（Graphic社）等書籍。

7 夏井景子的罐頭水果甜點

鳳梨、柑橘、白桃、芒果……
一直以來都很熟悉的罐頭水果，
搖身一變成為簡單又可愛的甜點。
用優格及豆漿、細砂糖、蜂蜜
造就了輕盈柔和的滋味，
每一個甜點都讓人想要一做再做。
本篇介紹人氣咖啡店『Annoncook』的
前主廚‧夏井景子小姐所提供的珍藏食譜。

◉芒果罐頭優格蛋糕——作法參照第81頁。

雙親是在料理學校認識的。爸爸是日本料理師傅，媽媽則是喜歡料理喜歡到跑去學校當營養午餐廚師。在這樣的家庭長大的夏井小姐，開始喜歡上製作甜點，是小學二年級時候的事了。

「級任老師到我家玩的時候，給我看了甜點的食譜書。我看了心生憧憬，老師就把那本書送給我了。後來我開始製作那本書上的甜點。最初是做紅茶磅蛋糕，接著是南瓜派。光是這兩種甜點，我就固執的反覆做了好多好多次。」

現在回想起來，如今已過世的父親，當時為了這件事十分開心。高中時夏井小姐把自己學會的紅茶磅蛋糕送給當時喜歡的男生，他對她說「妳應該成為甜點店老闆的」，畢業之後夏井小姐進入甜點專門學校。之後到原宿的人氣咖啡店『Annon cook』工作，身為主廚，除了甜點之外也開始製作料理，往料理家之路邁進。

夏井景子

1983年新潟縣出生。爸爸是日本料理廚師，媽媽則是非常熱愛料理。受到雙親的影響，從小就很喜歡製作甜點。從甜點學校畢業後，在麵包店、咖啡店工作，並在原宿的『Annon cook』咖啡店製作不使用奶油與雞蛋的料理與甜點。2014年起，在東京二子玉川的自宅，開設使用季節蔬菜製作料理的小班制教室。每年冬季的泡菜教室也很受好評。著有《拌麵100道》（共同編寫／主婦與生活出版社）等書籍。

http://natsuikeiko.com

夏井小姐喜歡的散文及料理相關書籍，放滿了位於客廳的書架上。小學老師送給她、讓她踏上甜點之路的充滿紀念性的食譜書，現在仍然是她的寶貝。

客廳牆上滿滿掛著朋友的設計品及插畫師的作品。中央的辣椒圖，是朋友為了夏井小姐每年冬天開設的泡菜教室，特別製作的拼貼畫。

廚房用的平底鍋及鍋具、篩網等網子類，都用S鉤掛在窗邊等著被使用。一伸手就可以拿取之餘，也能充分晾乾，十分方便。

這次，當我們邀請夏井小姐提供罐頭水果蛋糕食譜時，夏井小姐表示「請一定要在書裡放入鳳梨罐頭起司蛋糕的食譜」。

「小學時期，媽媽常常做鳳梨罐頭起司蛋糕給我吃。當時剛好也買了果汁機，將麵糊材料放進去打一打，十分方便，也因此媽媽非常沉迷，在媽媽的熱情冷卻之前，不必特別要求她，就做了好多次給我吃呢。」

另外，媽媽也常親手製作甜薯或番薯甜甜圈、草莓大福等甜點。

「罐頭水果甜點，最大的魅力就是外觀可愛。另外，罐頭水果已經很甜了，因此蛋糕麵糊不必做得太甜，很令人開心。製作簡單，也適合給幼小的孩童吃。」

另外要注意的是，必須用紙巾將罐頭水果的湯汁吸乾，避免水分滲入蛋糕裡。還有，為了不讓水果沉入底部，要將水果原本的厚度切半。

「到別人家去玩的時候，我會帶著用琺瑯盤做的布丁去。大家都喜歡布丁，會非常開心。連同琺瑯盤一起帶過去，布丁就不易碎，直接用湯匙撈起分給大家，不需要用到大盤子，真的很方便。」

自家開設的料理教室雖然還沒有開始教授甜點，但由於許多學生的要求，夏井小姐也開始考慮這件事了。

「爸爸媽媽的回憶、學生時代的往事……做甜點的時候會開始回味過去，總是讓我感到相當懷念。」

這種酸酸甜甜的心情，或許也是讓甜點變得更好吃的原因。

置於廚房一角的瓦斯爐內嵌式烤箱，旁邊的椅子對身高才150㎝的夏井小姐來說，是拿取高處物品的踏腳椅。「當然，累的時候也會坐著休息一下。」夏井小姐說道。

芒果罐頭優格蛋糕

是款加了優格，口感輕盈又濕潤的蛋糕。
優格不需要瀝乾水分，直接加入使用，
而蜂蜜的溫和甜味很適合搭配芒果。

材料（20.5×16×深3㎝的珐瑯盤1個份）

A
- 低筋麵粉…100g
- 泡打粉…1小匙

B
- 原味優格…60g
- 植物油…3大匙

- 蜂蜜…30g
- 蔗糖…20g
- 雞蛋…1顆
- 芒果（罐頭・切片）…2片（80g）

事前準備

・將每片芒果切成6等分，用廚房紙巾吸乾水分。
・在珐瑯盤裡鋪上烘焙紙。
・烤箱預熱至170℃。

作法

1 在調理盆裡放入雞蛋、蜂蜜、蔗糖，用打蛋器繞圓攪拌直到融合（**a**），再加入材料B仔細攪拌均勻（**b**）。

2 將材料A分三次篩入，用打蛋器繞圓攪拌。

3 將麵糊倒入珐瑯盤（**c**）整平，放上芒果（**d**）。放入170℃的烤箱烘烤約30分鐘。以竹籤戳刺中央，確認沒有沾上黏稠的麵糊，即烘烤完成。

＊加上打發的鮮奶油一起吃也很美味。
＊未食用完請放冰箱冷藏保存。

d

鳳梨罐頭烤起司蛋糕

是款用奶油起司及優格做成的簡單食譜。
鳳梨的酸甜味非常適合搭配起司，
要將鳳梨的厚度切半，才不會沉到麵糊底下。

材料（20.5×16×深3cm的琺瑯盤1個份）

奶油起司…200g
蔗糖…70g
原味優格…60g
雞蛋…1顆
牛奶…2大匙
低筋麵粉…2大匙
鳳梨（罐頭）…3片

事前準備

・用微波爐（600W）將奶油起司加熱30秒使其軟化。
・橫向將鳳梨的厚度切半後，將其中一片縱向切半，用廚房紙巾將水分吸乾。
・在琺瑯盤裡鋪上烘焙紙。
・將烤箱預熱至180℃。

作法

1 在調理盆裡放入已軟化的奶油起司，用打蛋器攪拌。再加入蔗糖攪拌成蓬鬆狀。
2 依序倒入蛋液、優格、牛奶，攪拌均勻後再過篩倒入低筋麵粉，繞圓攪拌直到粉狀物消失為止。
3 將麵糊倒入琺瑯盤，將鳳梨排放上去，放入180℃烤箱中烘烤30分鐘左右。稍微放涼後，連同琺瑯盤一同放入冰箱冷藏2小時以上。

鳳梨罐頭黑糖蛋糕

縮短烘烤時間，吃起來有如蒸麵包的口感，
因此一定要確認鳳梨周圍的蛋糕是否有熟透，
並且須充分攪拌黑砂糖，避免結塊。

材料（20.5×16×深3㎝的琺瑯盤1個份）

A
- 低筋麵粉…80g
- 泡打粉…1小匙

黑砂糖（粉末狀）…60g
雞蛋…1顆

B
- 豆漿（成分無調整）…3大匙
- 植物油…2大匙

鹽…一小撮
鳳梨（罐頭）…2片

事前準備

・先橫向將鳳梨的厚度切半，再分別切成4等分，用廚房紙巾將水分吸乾。
・在琺瑯盤裡鋪上烘焙紙。
・將烤箱預熱至180℃。

作法

1 在調理盆裡放入雞蛋、黑砂糖及鹽，用打蛋器繞圓攪拌至黑砂糖融化為止。再加入材料B，仔細攪拌均勻。

2 分三次將材料A篩入，用打蛋器繞圓攪拌。

3 將麵糊倒入琺瑯盤，於檯面上輕敲一下去除空氣。擺上鳳梨，放入180℃的烤箱中烘烤20分鐘。取出，觸摸鳳梨周圍的麵糊，不會沾黏即表示烤好了。

＊未食用完請放在冰箱冷藏保存。

橘子罐頭芝麻蛋糕

中間放入白芝麻粉，表面撒上炒芝麻粒當作裝飾，
芝麻香氣充滿口中，是款十分美味的蛋糕。
不過須注意，小心不要攪拌過度以免蛋糕變硬。

材料（20.5×16×深3㎝的珐瑯盤1個份）

A
- 低筋麵粉…80g
- 泡打粉…1小匙

白芝麻粉…20g
蔗糖…50g
雞蛋…1顆

B
- 豆漿（成分無調整）…3大匙
- 植物油…3大匙

橘子（罐頭）…7瓣
炒白芝麻…1小匙

事前準備
- ·將橘子的厚度切半，用廚房紙巾將水分吸乾。
- ·在珐瑯盤裡鋪上烘焙紙。
- ·將烤箱預熱至170℃。

作法

1 在調理盆裡放入雞蛋、蔗糖，用打蛋器繞圓攪拌至融合後，加入材料B，仔細攪拌均勻。

2 分三次將材料A篩入，用打蛋器繞圓攪拌。再倒入白芝麻粉攪拌整盆麵糊。

3 麵糊倒入珐瑯盤鋪平，再將橘子斜放排列，於空隙處撒上炒白芝麻，放入170℃的烤箱中烘烤約30分鐘。

＊未食用完請放在冰箱冷藏保存。

橘子罐頭
生起司蛋糕

等蛋糕麵糊稍微凝固再放上橘子，才不會往下沉，
如此才能做出外表美麗的蛋糕。
製作餅乾底所用的牛奶也可以改成豆漿喔！

材料（20.5×16×深3㎝的琺瑯盤1個份）
奶油起司…100g
原味優格…50g
蔗糖…40g
牛奶…50㎖
吉利丁粉…3g
水…2大匙
橘子（罐頭）…12瓣
【餅乾底】
消化餅乾…9片（80g）
牛奶…1又½大匙

事前準備
・用微波爐（600W）將奶油起司加熱20秒軟化。
・用廚房紙巾將橘子的水分吸乾，其中三瓣用手剝小塊。
・先將吉利丁泡水使其膨脹。

作法
1 製作餅乾底：將餅乾裝入夾鏈袋，用擀麵棍敲成細碎狀，再倒入牛奶攪拌融合，接著倒入琺瑯盤，蓋上保鮮膜用手壓緊鋪平。
2 在調理盆裡放入已軟化的奶油起司，用打蛋器攪拌，再倒入蔗糖攪拌成蓬鬆狀。接著依序倒入優格、牛奶，攪拌均勻。
3 以微波爐（600W）加熱吉利丁約15秒（小心不要煮沸），加入3大匙的**2**，稍作攪拌再全數倒回**2**的調理盆內，並用打蛋器攪拌均勻。
4 將麵糊倒入**1**的琺瑯盤靜置10分鐘左右，讓麵糊稍微凝固再排放上橘瓣，並撒上剝碎的橘子。放入冰箱冷藏2小時以上使其凝固。

白桃罐頭椰奶布丁

白桃與椰奶十分對味，
這款甜點不只放上果肉，也會淋上白桃罐頭的糖水。
若改用芒果罐頭也會非常好吃喔！

材料（20.5×16×深3㎝的琺瑯盤1個份）
椰奶…½罐（200㎖）＊
豆漿（成分無調整）…200㎖
蔗糖…25g
［吉利丁粉…5g
［水…2大匙
白桃（罐頭，切半）…2顆
白桃罐頭糖水…3大匙
裝飾用薄荷葉（有的話）…適量
＊椰奶容易油水分離，先充分搖勻罐子後再打開。

事前準備
・先將吉利丁泡水使其膨脹。

作法
1 在鍋裡放入椰奶、豆漿、蔗糖，用打蛋器邊攪拌邊以中火加熱，待蔗糖融化即熄火。接著倒入膨脹的吉利丁，使其充分溶解。
2 倒入琺瑯盤稍微放涼，再放進冰箱冷藏2小時以上使其凝固。取出放上切成1㎝小丁的白桃，淋上白桃罐頭糖水，裝飾上薄荷葉即可。

削掉椰子籽的胚乳，熬煮後製成的椰奶。
做磅蛋糕時可代替豆漿加入，放入用咖哩塊做的咖哩中也很好吃。

本書使用的琺瑯盤

本書中介紹的甜點，
全部都是使用野田琺瑯的「cabinet」琺瑯盤來製作的。
是2～4人家庭能一次吃完，剛剛好的尺寸。
也可以用同樣尺寸大小的不鏽鋼方盤來製作。

20.5cm
16cm
3cm

簡單純白的琺瑯盤更能凸顯甜點的美，直接放上餐桌也很好看。除了這個尺寸，還分為12取、15取、18取、21取、手札，共6種尺寸。另外還有象牙色可以選擇。容量為570ml，重量約230g，1000日圓（含稅）。

●使用方法

琺瑯是一種在鐵或鋁等金屬材質容器上，覆蓋具玻璃特性的釉藥後，經高溫燒製而成的器皿。表面的玻璃質是從850℃的燒成爐中烤出來的，因此能耐高溫，可直接放在爐子上煮，放入烤箱以200～300℃的高溫烘烤也沒問題。要特別注意的是，由於是金屬製的緣故，不能放入微波爐使用。另外，琺瑯還具有杜絕酸性、隔絕味道等特徵，用來製作酸味較強的水果或果醬甜點、或是香氣強烈的食物，也不需擔心氣味沾附。

●琺瑯器皿保養方法

使用完畢後，用沾了洗碗精的海綿洗乾淨，擦乾水分使其乾燥。若是用金屬刷或含有研磨劑的洗劑，會造成表面損傷，要特別注意。如果不小心摔到或是空燒，可能會使表面的玻璃質破損。請時時記得要小心溫柔的對待琺瑯器皿。

●哪裡買

可在日本全國的百貨公司或甜點道具店、生活雜貨店等地方購買。
臺灣則可於各大網購、拍賣等平臺，或甜點道具店、生活雜貨店等處購買。

●關於商品

野田琺瑯株式會社
http://www.nodahoro.com

國家圖書館出版品預行編目資料

琺瑯烤盤の居家質感烘焙　7位人氣料理專家，共同獻上48道暖心懷舊甜點！/ 渡邊真紀・吉川文子・若山曜子・小堀紀代美・ムラヨシマサユキ・中川玉・夏井景子著；黃鏡蒨譯.
-- 初版. – 新北市：良品文化館出版：雅書堂文化發行, 2021.07
面；　公分. -- (烘焙良品；94)
ISBN 978-986-7627-38-4 (平裝)

1.點心食譜

427.16　　110009787

烘焙良品 94

琺瑯烤盤の居家質感烘焙

7位人氣料理專家，共同獻上48道暖心懷舊甜點！

作　　者／渡邊真紀・吉川文子・若山曜子・小堀紀代美・
　　　　　ムラヨシマサユキ・中川玉・夏井景子
譯　　者／黃鏡蒨
發 行 人／詹慶和
選 書 人／蔡麗玲
特約編輯／白宜平
執行編輯／蔡毓玲
編　　輯／劉蕙寧・黃璟安・陳姿伶
執行美編／韓欣恬
美術編輯／陳麗娜・周盈汝
出 版 者／良品文化館
發 行 者／雅書堂文化事業有限公司
郵撥帳號／18225950　戶名／雅書堂文化事業有限公司
地　　址／220新北市板橋區板新路206號3樓
電子郵件／elegant.books@msa.hinet.net
電　　話／(02) 8952-4078
傳　　真／(02) 8952-4084

2021年07月初版一刷　定價380元

經銷／易可數位行銷股份有限公司
地址／新北市新店區寶橋路235巷6弄3號5樓
電話／(02)8911-0825　傳真／(02)8911-0801

日文STAFF
藝術指導・設計／川添 藍
攝影／三村健二（頁數4～19、48～57、88）
　　　福尾美雪（頁數1～5、20～47、58～87）
取材／中山み登り
編輯／足立昭子

簡單純粹

就是家常香甜好滋味！

簡單純粹

就是家常香甜好滋味！